創投老園丁的私房札記

人生是一場發明

朱永光——　——著

前言

朱永光

寫作對於我，是抒發與分享，但更多的是自我的探索與發現。一開始想的是以自身的經歷，給職場後輩點起一盞燈，即使光影微弱但或能在某些時刻照亮他們的生涯路。然而，實際執行下來，在撫今追昔之際、友朋互動之中，瞬間的感動有如電光石火，被點亮的反而是我自己的心。

回顧在《經濟日報》撰寫專欄十餘年，從「創愛的業」介紹台灣社會企業創業家的理想與堅持，到「薪火新苗」描述台灣跨領域、跨世代合作的新創事業成功身影，這兩個專欄在集結成書後，分別獲選優良課外讀物推薦及第22屆金書獎肯定。

近年，隨著人生階段的推展，再開啟「老園丁耕讀筆記」，進一步分享自己職場上的故事以及人生的體悟，其間也獲得許多讀者的共鳴與迴響，這一路有很多始料未及的驚喜豐富我的生命，對此一直心懷感恩。

秀威資訊宋政坤總經理本著「用文字或圖畫，寫出自己的故事」的經營理念，鼓勵將這些專欄文章再次編輯成冊出版，並將本書獻給年輕世代，希望成為他們收進背包的三十則人生資糧，提供人生道路上可能需要的養分與補給。

身為一位新事業開發創投家，曾經參與許多新創業者的創業歷程，從草創初期的基礎營運到成長擴展的領導管理，每個階段都面臨不同的挑戰；職場上更看到不同的年輕人來來去去，有人勇於冒險跳槽轉職，也有人按部就班尋求發展，相同的是，他們都在職場叢林中奮勇向前、逐步成長。

特別關注這些年輕人，因為自己也是一雙兒女的父親，很想為他們的創業及職場提出適切的想法及建議。但家人之間的對話，有時說著說著就變得無趣而囉唆；人與人之間，也常因雙方先入為主的思維而導致溝通不良。

這時想到小時候東勢老家的狐狸狗Jimmy，身體不舒服時會自己到院子草叢中找「解藥」，牠的故事讓我決定開始撰寫專欄，打造知識花圃，用文字記錄自己過往的經驗與心得，為他們人生中可能遇到的困惑及難題，留下一些思考方向及解決問題的線索，也透過中經合創投平台分享給台灣年輕世代參考。

書中另包含了近年來觀察到新興科技的崛起，並剖析其對產業、經濟、社會的影響。收錄在此的五十則文章涵蓋，創業歷程、職場求生、新科技發展產生的巨變，以及企業經營管理的分享等，雖然不同面相、不同角度，但都是每個人在一生中可能會碰到各個場景。

在撰寫著這些關於創業經營、成長歷程、職場規劃與選擇的文章時，同時回顧了自己過往學習、工作的歷程，感覺像是現在的自己與過去的自己對話，這過程不僅是案例經驗的分享及寄語，也藉此機會作了一場人生的檢視與生命的咀嚼，讓我對人生的意義有更深的認知及體現。

「手把青秧插滿田，低頭便見水中天。六根清淨方為道，退步原來是向前。」這是布袋和尚有名的禪詩〈退步〉。插秧的動作是往後退，退愈多成果愈豐，就像我在找尋寫作題材時，對往事領悟到的道理比當時還多。而彎腰後退的過程中，擁有的這一方水中天，照見的不只是我自己，還有更廣袤的天色，帶給我持續耕讀的小確幸。

行筆至此，想到已故歌手張雨生一首膾炙人口的歌曲：〈我的未來不是夢〉，因為認真過每一分鐘。這是我這一代人的心聲，也是給下一代的祝福。

本書分為三大章節：

第一章　在創業經營的道路上……

從新創公司草創初期打造核心競爭力及組織團隊、成長茁壯期的經營管理及提升卓越領導、最終公司邁向永續經營的ＥＳＧ課題。此外，也提及創業經營者在婚姻、生活中，如何維持家內、家外的自在與和諧。

第二章　在職場自我實現的路上……

上班族除了專業技能上的精進，與同事、主管相處上也是門學問，面對紛雜困境時，如何換位思考、避免陷入坐井觀天的窠臼；深入探討工作與生活間的平衡、要轉職或是出國進修？在人生的旅途中發掘並實現自我的價值與意義，及對永續生命的追求。

第三章　在新興科技發展的變革路上……

近幾年所觀察到的社會創新運動及新興科技的發展趨勢，預見將對未來社會、生活、產業帶來的新面貌，包括社會創新、影響力創投、地方創生、基因治療、綠色金融、環境和新能源科技、Web3.0 及加密貨幣的元宇宙等。

最後要特別感謝：中經合集團劉宇環董事長，謝謝他近二十年來的共事與信任，提供中經合的資源，支持我經營《經濟日報》專欄，發表文章分享全球新興科技與產業發展的趨勢與機會。

大哥、大嫂長久以來的支持與鼓勵，撫慰我的挫折與沮喪、見證我的成長與喜悅，時時為我充滿前進的動能；二哥、二嫂接掌老家果園經營，不僅讓家業有所傳承，更是我們兄弟早年在外求學工作的經濟支柱；三哥一直是我成長過程中學習的榜樣，他的國際視野仍深深影響著我。在美國留學期間，受到三哥、三嫂的照顧與支援，讓我能夠順利地完成學業，至今難忘。

太太CC全心全力持家、理財、教養和陪伴一雙兒女的成長，不僅讓我無後顧之憂，更近乎任性地追求自己人生華麗探險，心中的幸福與感謝難以言喻；很幸運能與一雙兒女彼此互動、學習成長。他們是我靈感的來源、提供我寫作的養分，讓我有機會反思，維持年輕、青春的心境跟心態，順應新世代腳步、與時俱進。

感謝這一路走來人生旅程中的所有相遇、相知。不論是同事、親朋好友，甚至只是一面之緣的朋友，他們的溫暖善待，無私地分享知識、見聞與人生智慧，以及適時的拔刀相助，雖無法一一列舉，但我對這一切心懷感念。

推薦序／

讀佛法的園丁

作家　王文華

我是先認識ＹＫ這個「人」，再認識他的「工作」，最後才讀他「書」。

他為人低調、溫和、客氣。我曾跟他請益，他用自己豐富的資源找到外人不知道的資訊，提供給我，但並不告訴我怎麼做。他並不「教導」，只是「灌溉」。

他對人的方式，就像……

園丁。

好的園丁，保護土壤、培育幼苗、辛勤灌溉、整修雜草、促成授粉。不揠苗助長，而讓陽光、空氣、水，慢慢展現魔法。

好的創投，不也是這樣?當我認識了ＹＫ的工作後，發現他也是用「園丁」的態度，照顧投資的公司。只不過投資公司比照顧花園的風險大，所以他用獨到眼光，選擇好的花苗。

當我開始讀ＹＫ的書後，發現他照顧的，不只是自己的投資標的，更是社會這整個大花園。這本書的第三章，談到社會企業、地方創生、潔淨能源、ＥＳＧ投資，都是他擔任「社會園丁」的心得。

這本書的第一章，談的則是「創投園丁」的感想。關於創投的書很多，但用《金剛經》來講創業的很少。創業者都有超乎常人的信念和意志力，如何「應無所住、而生其心」？值得玩味。當我讀到他寫「心淨則佛『土』淨」時，心想：ＹＫ真是三句話不離本行，你看，他就是個「園丁」！

怎樣才能「心淨」？ＹＫ引用佛陀給弟子的教誨：背不起經文？沒關係，每天掃地時，重複念「拂塵掃垢」就好。

這當然不是安慰創辦人：賺不到錢沒關係，每天念「拂塵掃垢」就好。而是強調不自卑、身心合一、專心致志，讓智慧、營收，油然而生。

ＹＫ是非典型的投資者，也是非典型的人生導師。在第二章，他分享職場和人生經驗，談到打造「柔韌的心」，並用「一招三式」來詮釋。人生第一階段，靠的是「剛強」。第二階段，靠的是「柔韌」。這本書，適合正走向第二階段的讀者。

怎樣一本書，會同時談《維摩經》、《紅樓夢》，和繪本《男孩、鼴鼠、狐狸與馬》？ＹＫ這本！

他會談這些，因為本質上他是園丁。人格特質讓他適合栽培，而廣泛興趣讓他採集了文明各領域的陽光和雨露。讀這本書，就像吸收了這些陽光和雨露，然後體會到：人生本質上是一次創業，我們都跌跌撞撞地，拼湊出自己的發明。

推薦序／

值得跨世代共享的「心書」

台灣電機電子工業同業公會理事長　李詩欽

認識永光兄，有一段長的時間，特別欣賞他謙虛為人、低調處事的風格，是朋友間，極少數學有專精、擁有專業訓練、長期專注創新創業的專家。

永光兄曾說要把一項專業扎扎實實學好，要花很多的時間。在專業領域中，基礎扎實是非常重要的，打穩專業知識、經驗及人脈之後，有所沉澱再出發，才能穩健成長。永光兄就是不斷嘗試、耐心打穩基礎，開創屬於自己的新事業。

在職場工作外，永光兄也非常關注台灣新創事業的發展及社會企業議題，他自二〇一二年在《經濟日報》經營「創愛的業」專欄，分享台灣社會企業創業家如何透過創新的營運思維，實踐改善社會問題的理念，並彙編成冊出版《我們，創愛的業——30位台灣社會企業創業家的理想與堅持》一書，期望更多的企業投注此一領域，而讓台灣有更健全的發展。

二〇一五年起，永光兄再藉由《經濟日報》「薪火新苗」專欄，分享作為一位資深創業投資家，觀察到台灣新世代創業的精神與內涵，提攜後進共創台灣無限可能的未來，並將內容集結成冊，出版第二本書《新苗・薪火——追求台灣的無限可能》，期望承先啟後，搭建起世代交流、傳承交棒。

二〇一九年起，永光兄藉由「老園丁耕讀筆記」專欄，每月兩次的隔週三，提出針對當下最火熱的議題，提出獨到的見解，讓讀者透過深入淺出的呈現方式，引導讀者接收、消化、運用之後，產生對個人、家庭、社會、國家乃至世界更多的正向能量。

可見永光兄是如何真真實實憑藉著有心、用心及良心，長期致力這種任重道遠，萬般艱辛的筆耕教育工作。

順道一提的是，永光兄很早就推動兩岸產業互補。他曾說兩岸產業優勢互補，是創投業者成功的關鍵。「台灣如果不跟大陸連結，市場爆發性小。」永光兄多年前就提出，只有整合兩岸產業的優勢，才能創造企業成功的模式，這也是創投業者的機會點。他最看好的投資方向包括醫療、綠能和網路新經濟三項產業。他的遠見和真知灼見，直到今天仍然大有可為。期盼兩岸關係不再空轉，加速合作。

「天公疼憨人」，永光兄《創投老園丁的私房札記》新書，也是「心書」，將打動更多人心，共創美好未來。

推薦序／

職場兵法、人生心法

台新銀行文化藝術基金會董事長　鄭家鐘

吾友朱永光大作《創投老園丁的私房札記》問世，對於經常在《經濟日報》拜讀專欄的我們應該非常慶幸，因為永光兄做了條理的編排及補充，讓思路更完整表達，應可讓職場人士、創業先鋒們引為現代《孫子兵法》。

我認為他的著作層次多樣，但都具有下列特點：

一、說故事而不說教

永光說故事的能力很強，有場景、有人物、有解方，而且經常破解一些固定刻板的管理知識。例如透過老家Jimmy這隻狐狸狗到花園找解藥，意寓固定的刻板飲食無法解決適性的調理，從而衍生對孩子對員工的對待之道。應無所住而生其心，強調認真細節與凌空遠眺的二元對立，卻以無住及空性統合兩者。

二、破解誤區而不執著理論

他的名句「每個人都可以找到自己的舞台」、「退休 ing」探討人生的平衡學，除了個人也兼及公司對待員工的方式，處於變動時代，他提出的一招三式建構柔韌心，非常對我的胃口，我一直強調未來要用第一性原理的演繹法來擊敗只會歸納的ＡＩ，ＡＩ擅長以極快的速度找到共通性，但卻辨識不出事物本質的共性，這兩者差異極大，永光兄的一招其實是對症下藥的致勝之招，至於他的三式「養成紀律、勇於求救及適時暫停」則是未來ＤＡＯ時代（分散式治理組織）的基本素養。我覺得年輕人應該多參考！

三、視野宏觀但見解接地氣

永光任職美商中經合，見過的大案子甚多縱橫於頂尖產業之間，折衝於市場征戰之中，他的人生可謂過盡千帆皆不是，行遍萬水未可休，他經驗豐富又謙沖虛心，對年輕人尤其關愛溫暖，因此他文中的筆觸充滿熱情及柔暖，往往讓人即之也溫。例如：他寫到大老闆為何愛倒垃圾，洗馬桶？以生活中最小的發生來談怎樣由生活中開悟，他的

「簡單事，重複做」而且一次比一次用心就是不簡單，這幾乎可以說生活修行的經典，我個人奉為聖旨已經十多年了還沒有到達。一句話可以有如是的力量，也就是永光的智慧所在！

以上只是我的讀文偶得，他這本書好料很多，堪稱人生的場景革命及解方花園，讀者值得像 Jimmy，每次不舒服就衝到花園找解方。

我在職場也超過四十年了，邊讀他書邊有所感慨，給我一種辛棄疾「醉裡挑燈看劍，夢回吹角連營」的激情！本書將給台灣社會帶來良善而給力的影響！

推薦序／

創業是一項生命志業的選擇

財信傳媒集團董事長　謝金河

我常常說「樂在工作」，從工作中帶來的喜悅與快樂，可以讓人把一項工作當志業做，而且做一輩子。中經合的董事總經理朱永光先生馳騁在創投的道路上二十多年，現在他從職場上退下來，把這些年來的創投經驗寫成《創投老園丁的私房札記》。

台灣老一代的創投人，永光兄堪稱是少林寺方丈級的代表，同時他也是帶領中經合打通矽谷、台北和北京三地連結的重要推手，後來，我的兒子對創投有興趣，我也送他到中經合從學徒做起，永光兄也是兒子的師傅，他帶領員工團隊看公司，也諄諄教誨如何從產業巨變中，尋找未來有潛力的公司，他對創投業充滿了熱情。好多年前，我記得他與王文華先生發起「Start Up Latte（創新拿鐵）」帶領青年學子在創投的路上摸索前進。

如果說九〇年代台灣寫下竹科傳奇，二〇〇〇年後阿里巴巴揭開的中國電子商務新時代，更是時代大浪，現在這個浪頭又帶向矽谷。這次黃仁勳帶來 Open AI 的新革命，Nvidia 寫下逾兆美元的大市值，都是引領新時代的訊號。從航太、電信、半導體、IoT、智慧製造到現在當紅的ＡＩ題目，都有永光兄走過的痕跡。

永光兄自許為老園丁，在幾十年的創投生涯中，永光兄勤於筆耕，常常把他在創投產業的經營心得記錄下來，由《經濟日報》發表，這個專欄筆耕歷時十幾年。作為台灣創投發展的見證人，他真的貢獻一生之力在創投的路上，現在把心血結晶記錄下來，出版集冊成書，這會是未來創投路上的一盞明燈。

我與永光兄相識近三十年，他留給我印象最深刻的一句話：「創業是一項生命志業的選擇！」人生大道上，永光兄也是人生的導師，未來他會有更多的時間，像少林寺的方丈大師，帶領更多後進在創投路上摸索前進，我要向創投的老園丁致敬！

推薦序／生活真義　人生智慧

成功大學第十七任校長　蘇慧貞

服務成功大學校務治理的期間最寶貴豐厚、終生難忘的資產便是得以結識、進而閱讀與學習海內外、跨世代、不同選擇與緣遇、但卻都各自精彩萬分的校友們以所學所能所實踐的生命故事。

初夏時節、有幸收訖本校航空太空工程學系一九七八年畢業的朱永光學長與我分享他即將出版的新書，字字從心出發，處處照映經歷，確實如他〈前言〉所言，其實是因為「感念人生旅程中所有的溫暖善待」，因此祈望能「無私地分享知識、見聞與人生智慧」，每一個所言、所行，都深刻呈現本校從一九三一年創校以來對所有畢業生的教育與期待，我深為感佩！

朱學長從如何建構完整的自我與家庭基礎出發，擴及論述在職場上的進退應對、對組織的創造運營，更難能可貴的是，他也與時俱進地評析了所有當下新興科技與創業創新的發展與未來趨勢，一一以面向廣闊的參與實例，經由深入淺出、精鍊清晰的文字表達，即使教育背景不同的讀者，彷彿也都可以悠遊在尋常的時光旅程中，同時完成關鍵資訊的吸收，用心真摯、專業卓群，實為盛事！

我相信園丁永遠不老，因為用感恩的生命、不歇的學習所滋養耕耘的土地，也將生生不息地長出千姿百態的未來風景！

推薦序／

人生是一場發明

福臨文化藝術基金會董事長　范瑞穎

非常難得的機緣能與朱永光先生（ＹＫ）相識多年，在他人生不同階段的歲月中，我們曾是同事、是上司、是下屬、是投資人、更是摯友，並有多次機會在不同的時空背景下，近距離的相處。我們曾一起走過莫斯科的紅場、汶萊的海岸、承德的避暑山莊、華府的街頭、菲律賓的別墅、北京的釣魚台、阿姆斯特丹的運河、加州的酒莊、印尼的貧民窟。無論何時何地都可以感受到，ＹＫ一直以用心認真的態度，經營他的精彩人生。

ＹＫ在書中提到深信老天賦予每個人不同的天分，在其寫作的過程，反覆咀嚼自己的生命歷程，透過不斷地自我探索、學習、歷練、茁壯而成為今日的自己，同時也令我回想自己的成長，從美國的航太工程師到香港與日本的跨國企業經理人，代表台灣企業參與國際衛星電話公司，並共同創辦行動通訊、固網等電信事業，一路到ＩＰＯ上櫃上市。後承國際私募基金集團聘任，領導華人世界中最具規模的有線電視寬頻網路、新聞媒體娛樂內容產業，成功轉型並獲利了結。與ＹＫ在科技、航太、電訊、傳媒、創投等領域中相逢、相識、相知、相惜、相助，同時也無私地回饋並傳承分享給需要的人。

縱觀ＹＫ的心路歷程，猶如一趟專注的探險，當閱讀到〈每個人都可以找到自己的舞台〉及〈做自己人生的發明家〉等文章非常有感，細膩的思考、驗證人生這個課題後，深切領悟到每一個人都有其天賦，是上帝賜予的禮物，但這禮物就像塊璞玉，必須經過學習成長、經歷磨練，打造拋光才得以彰顯光彩。人生就是一場發明、做自己人生的發明家——發掘自己的才能、進而成就自己並回饋社會。

和許多朋友們一樣，ＹＫ同時扮演著許多角色，如創投合夥人、專業經理人、兒女的父親、全職媽媽的丈夫、大家庭中的兄弟，但他是我認識的人當中，少數能近乎完美地將所扮演的每一個角色都詮釋的淋漓盡致，這是一種對生活態度的展現，感謝他願意透過寫作將其中的寶藏無私地分享給大家，他的人生是一場令人嚮往的發明。

推薦序／生命是為了更美好的延續

品生活家事服務有限公司總經理　林德嵐

人，為什麼來這世界走這麼一遭？我們將如何修這門功課？如果曾經走過，又該怎麼去看待回首來時路？生命本是不斷探索、學習、反省的過程，本書作者用看似分散、卻內在統一的章節，與我們一起去感悟這些作為人的基本命題，這本看似談論經營、投資與職場的書，其實最讓人受用的，是經營人生的心法。

朱永光先生來自於台中山城東勢世家，他承襲父親的商業基因與熱心公益的精神、也傳承了母親溫良恭儉讓的待人處事風範，他的三位兄長分別在其專業的工作領域上也都有卓越的成就，這樣儒商文化的家庭環境氛圍，造就他日後雖然馳騁商場，也一直保有溫文儒雅的文人氣質。

朱永光先生在二十多年來的經營管理與創新事業投資生涯中，親自在第一線目睹了浪淘盡多少英雄人物，也從中反思了他自己的人生課題。企業的經營與人生的活法，有著異曲同工之妙，企業追求的永續經營，跟一般人期盼的健康長壽，都是一樣的，書中所一再討論的經營心法，其實也是作者從自身生命旅程不斷探索、學習、反思、辯證所得到的印證。

為現代資本主義與自由貿易提供理論基礎的經濟學之父亞當・斯密，他一生留下了兩部傳世佳作——《國民財富的性質和原因的研究》（簡稱《國富論》）與《道德情操論》，後者鮮為人知，卻被當代經濟學家認為，是要了解亞當・斯密理論體系不可或缺的關鍵著作，《國富論》創造了「看不見的手」（invisible hand）來闡釋自由經濟市場如何發揮效率，亞當・斯密在道德情操論一書中則塑造了「無私的旁觀者」（impartial spectator），來說明我們的行為受到了想像中的這位人物所制約，這就是朱永光先生在書中多次提及王陽明心學所說的「致良知」，貫穿整本書的核心理念也在此，在追求個人成就與企業獲利的同時，也能與守護善良、社會責任、生命永續中求取平衡。

經營事業的領導者或者職場的工作者都需要有強大的心理素質，才能應付大大小小、不可預期的種種挑戰與危機。本書中，作者將其所見證的實際案例與自己參詳的經典智慧，做了許多淺顯易懂而且非常受用的闡釋與指引，如能細細品味，定能獲益匪淺。

作者期許每個人來到這世上，開創自己的一生，猶如創業的過程，以自己有限的生命去延續所抱守、追求的價值與信念，終其一生，才能了無憾恨！

推薦序／

職場中的閒庭信步

美國中經合集團中國首席代表　**王亦工**

與朱永光先生在同一機構共事多年，他在台北，我在北京，一年大約見面兩、三次，但借助現代通訊技術，我們經常通過電話保持聯繫，互相問候、關心和交流。我們之間的交流內容廣泛而深入，彼此坦誠且可以暢所欲言，常常是一方引出一個話題，雙方很快就達成共識，可謂是心有靈犀。

開卷有益，當我翻開《創投老園丁的私房札記》的書稿時，立刻產生了一種愛不釋手的感覺。朱先生是一位幾十年來在創投界有所成就，並一直保持著年輕人心態的前輩。近年來，他持續經營專欄、發表文章，其中不乏獲獎作品。本書收錄了朱先生曾經發表過的文章四十篇，每篇文章都短小精悍，內容生動且豐富，文字簡潔，適合各種年齡層的人士閱讀。

朱先生將自己定位為一名老園丁，何為園丁，最簡單的解釋就是透過自己一點一滴、經年累月的細心呵護，把弱不禁風的芽苗培育成為蒼天大樹或姹紫嫣紅的花朵，同時園丁也可以引申為導師，即是育人者。作為一名園丁，無論是育樹或是育人，除了博識之外還需要有一顆充滿陽光和慈愛的心，把自己稱為老園丁足見朱先生的至臻求索。

書中每篇文章都是一個簡短的故事，使閱讀變得十分有趣。藉由這些故事，朱先生闡述了為人處世、職場、道德、眼界、觀念、管理、生活與生命、創新與創業、社會進步等方面相關的哲理。他總結了成功案例，也分析了失敗案例，這些內容對於尚未經歷過的人是極有價值的提示，對於已有過經歷的人是很好的回顧。本書可以是ＭＢＡ課程中案例教學的精華縮影。

書中也有一些文章涉及到當前的前沿技術，以及如何看待和應用這些新技術。朱先生對此也有深刻的見解，相信這些也是許多人都非常關注的議題。

簡單故事裡往往蘊藏著深刻的道理。我個人認為，中華文化中最深奧的一個字就是「悟」。本書引人入勝，不僅讓人思考，也給人啟發。朱先生的經驗和見解無疑是寶貴的財富，對於創投行業的從業者和廣大讀者而言，本書是一本不可多得的指南。

最後，我衷心推薦朱永光先生的《創投老園丁的私房札記》給所有對創業、職場和人生有興趣的人。這本書不僅具有實用價值，還能夠激發讀者的思考，讓人們在人生的道路上更加明智地前行。

推薦序／

讓這本書陪你向世界學習與領導自己

社企流共同創辦人暨執行長　林以涵

非常榮幸受到ＹＫ邀請，為他的新書撰寫推薦序。十年前的台灣，公民社會益發成熟，社會創新、社會企業、影響力投資等概念剛開始萌芽，便獲得各界許多關注，我跟ＹＫ便是在這類型的活動上所認識。

當時ＹＫ對於這些新趨勢非常好奇、也樂於支持，我於二〇一二年創立台灣社會企業主題平台「社企流」後，與ＹＫ一起合作訪談了許多家社會企業，並撰寫成網站文章，擁有超過二十年投資及科技產業經驗的他，對於社會企業這種經由商業經營實踐公益的模式，總能帶來獨特的洞察與建議，之後他更鼎力相助，從二〇一三年起參與我們公司董事會，擔任監察人，與我對話、為我解惑、幫我串連資源，是我生命中非常重要的貴人。

十年後的台灣，社會企業已經是每一個人就有一人聽過的名詞，而在促進永續發展的道路上，也多了ESG、地方創生、循環經濟、淨零碳排等更多趨勢與議題。這十年來，我跟YK每次碰面交流的主題，也從探討社會企業的生態圈及利害關係人等產業相關資訊，拓展到上述永續衍生議題、或是我作為創業者與經營者的學習與反思等。他很擅長透過提問，協助我梳理腦中雜亂想法、進一步生成幾個行動方案；他也很喜歡透過提問，了解當今社會的關鍵議題，並歸納成建議。

這本書我來回讀了四次，非常喜歡。整本書集結了YK的創新思維，透過他的敦厚筆調呈現，讀起來就好像在跟YK面對面喝咖啡聊天一樣，我也從中學習到兩件事：

一、領導力是一輩子的修練

YK過去二十年的創投經驗，讓他有許多與新創互動的經驗，因此在這本書中，YK以獨到視角，透過美國職棒、中國名著等主題切入探討創業經營之道，印象深刻的是書中有許多文章，都環繞在「領導力」的主題，從自我領導、團隊領導到組織領導面面俱到。此外，文章也提醒創業者在衝刺事業外，關於人際關係、自我覺察等重要之事。身為創業者，除了心有戚戚焉外，我也把這些文章當成一面明鏡，未來可以定期複習自省、甚至激發新想法。

二、人生是向世界廣泛學習——

身為一個後輩，這本書讓我見識與佩服ＹＫ的博學多聞，從ＥＳＧ、新科技、新工作型態、到新生活態度，都在在展現ＹＫ對於新事物所保有的好奇心。除了介紹新事物外，書中ＹＫ也分享了不少先人的智慧，帶我們從中觀察關於個人價值觀與社會群體規範的變與不變。我希望自己也能像ＹＫ一樣，對於探索未知的好奇心與學習力，能夠數十年如一日，細水長流。

書如其人，這本書就像是一場與ＹＫ的對話，從中會感受到一位前輩的生活哲學、工作歷練與人生反思，宛如一股曖曖內含光、溫暖而堅定的力量，值得細細品味，誠摯推薦給大家。

推薦序／時移世變下的善良柔韌心

宇宙玩樂者　朱庭儀

於我而言，ＹＫ不只是父親，許多時候，更像是一片讓人想徜徉其中，並吸取芬多精、獲得療癒能量的原野。他的處世之道，本質即一個「善」字，如老子《道德經》所說的「居善地，心善淵，與善仁」，他始終懷抱著善良的本心來感受這個世界。有時如小橋下的潺潺流水，靜靜地滋潤著萬物，有時又如雨後溪澗，盈溢著飽滿的力量，沖刷著溪谷。

南宋理學大師朱熹最知名的詩作〈觀書有感〉：「半畝方塘一鑑開，天光雲影共徘徊。問渠那得清如許？為有源頭活水來。」若ＹＫ的善根是那一畝方塘，那麼，不斷注入池塘的源頭活水，便是他求知若渴的熱忱，以及藏修游息下而累積的智慧。

他喜好閱讀且涉獵廣泛，從企業管理、社會科學、名人傳記到經典文學作品皆有，見我去學昆達里尼瑜伽，特地去買了相關的書籍來研讀，並一起討論對冥想的看法。閱讀只是ＹＫ滿足求知慾的管道之一，他在日常生活中就不時伸出好奇的觸角，透過親身體驗來激盪自己，像是與我一起上瑜伽課、追劇，每次蘋果電腦舉辦新產品發表會，會與我哥一同熬夜觀賞；對於新科技、時下常用的程式軟體，也積極嘗試，並從中探詢樂趣與產業結合的可能性。

進入職場後，我難免也會自我懷疑，在這種時刻，他不會提點我該怎麼做，而是與我分享近期生活體悟或閱讀後的learning，讓我先試著靜下心來檢視自身狀態，再思考各種可能性。

比方說，我出社會前幾年都在廣告業。協同廣告創意的產出與執行，而廣告回到本質，也是為了解決問題。但，每個人的歷練、所處的位置與立場不同，解決問題的作風自然不同，要達到不同思維者都認可的解決方式，如第二章的〈一招三式建構柔韌的心　應對變動的世界〉中所言：「局勢如何變化，其背後依然有著不變的基礎」，這「不變的基礎」指的正是人類解決問題的初衷；若要不斷回歸初衷，唯有保持柔韌的心來因應不同人、不斷變動的事物，進而「看透現象和問題背後的最初邏輯並重新推演分析」。這種「柔韌心」正是我認為ＹＫ所擁有的「感受世界的善良本心」。

另外，書中許多文章也提及紀律的重要性，讓我想到，多數人談到做廣告時，會認為「創意」凌駕於一切，廣告創意的產出與執行看似天馬行空，實則格外講究紀律，為了能讓創意在紀律之下被具體執行，當自己需要協助時，務必要勇敢求救，或與客戶妥善溝通，讓對方理解自己做決策的邏輯、為何如此安排 deadline 等。

我打從心底熱愛廣告行銷，但心裡始終迴盪著「還有其他可能性」的聲音，故後來轉換工作跑道，也追尋各種生活體驗。我想，這種骨子裡渴望各式學習經驗的精神，應該是承襲自ＹＫ循著對世界的好奇心，探索各種新事物的靈魂吧。

不論ＹＫ是靜靜的流水或澎湃的溪淵，他的文字都是沁人心脾的甘泉。若你正在為了某些事情而迷惘，或者面臨職涯的重大抉擇，就更該好好品讀此書，讓他「居善地，心善淵，與善仁」的智慧化為細細澆灌你人生土壤的源頭活水。

好評推薦

一個人擁用聰明才智，是天賦；能創造並擁有豐富精采的社會歷練，是智慧；在經歷過無數成功和失敗後，願意分享寶貴的心路歷程與人生經驗給所有人，是氣度，是格局，是眼界。

在職涯發展過程中，很幸運能有近距離向朱總經理學習的機會，他從容不迫的處世態度、對企業發展的格局與思考框架、解決問題的能力，一直是我的成功典範。在創業投資領域，他永遠考慮如何讓經營團隊創造一個好的商業循環，讓好的科技提升人們的生活品質；藉由評估投資標的機會，思考台灣未來產業發展模式及人才培育，讓國際企業好的技術和經營模式可以引進台灣，同時也讓台灣優質產品有機會推向國際。

朱總的大作《創投老園丁的私房札記》，不僅讓我們快速理解世界產業發展的趨勢，透過他所分享的成功心法及人生經驗，更有助於提升我們對事業、人生的思考格局。

——Mononuclear Therapeutics Ltd.

商務長　呂志鋒

世事洞明皆學問，人情練達即文章。高陽筆下晚清紅頂商人胡雪巖曾說過：天下萬般種生意成功之道無他，活用與通曉人情世故而已！

朱總以數十年全球創業投資與輔導育成新創公司無數的經驗，簡練又親和的彷彿鄰家長輩的文筆與視角口吻，娓娓說來一個個看似有趣但別有深意的個案，無私且熱情的分享了許多成功企業家「珍而視之，不願與外人道」的創業成功與企業經營心法。

看完後你不難發現，創投老園丁就像《天龍八部》裡那平凡無奇的掃地僧，但在看似簡單的一句話中就讓人茅塞頓開，豁然開朗，打通你事業與人生經營的任督二脈!!

——觀復明時管理顧問公司
董事長　**陳威廷**

強力推薦，非常好看的一本書！創業就像是邊開車邊換輪子，這本書教會我認識自己最大的遺憾不是做錯了什麼事，而是沒做該做的事。

——iStaging 愛實境
創辦人　**李鐘彬**

導讀／值得收進背包裡的30則人生資糧

朱永光先生是台灣創投界資深的基金管理人，多年來一直在《經濟日報》經營專欄，專欄內容選編成書出版亦深受肯定——《創愛的業》獲選文化部中小學生優良讀物推薦，《新苗．薪火》更獲得第22屆金書獎的殊榮。

在這一本《創投老園丁的私房札記》裡，朱先生進一步分享自己在工作、生活上的所見所聞及啟發，內容兼具深度與廣度。書前邀請十三位橫跨不同世代、分屬不同商業背景，也分處人生不同發展階段，透過他們的讀後心得及視角轉換，深覺得這些序言更立體、更直達作者所要傳達的信念。

綜觀推薦序的內文可見，歷經沙場的商界成功聞人，他們讚賞朱先生在社會、工作上的經歷，以及他為人處世的智慧，也認同書中所傳達的道理及傳遞的價值，因而有「職場兵法、人生心法」、「值得跨世代共享的心書」的推薦；身經百戰的社會菁英人士，本書則不經意喚起他們自身過往的回憶，認同朱先生「人生是一場發明」的理念，書中的案例故事也引起他們「生活處處有真義」的共鳴而心有戚戚焉；正在追求事業發展征途中的青壯實業家，他們則汲取書中的案例及精奧，作為公司經營管理的寶典、人生旅程的規劃指引；初入社會的年輕世代正在學習探索工作、事業、人生的階段，他們相信本書是「值得收進背包裡的30則人生資糧」，可以反覆閱讀、細細領會其中的精髓與要義。

朱先生同時特別關注新興科技對產業、經濟、社會的影響，從社會企業、ESG到基因編輯、元宇宙等，除了朱先生從資深創投人視角分析之外，特別邀請十位相關領域的專家介紹，或由新創業者分享經驗，使同一主題得以採用雙視角的方式來呈現。

朱先生豐富的生命歷程、雋永的人生智慧，以優雅的文體、溫暖的筆觸分享「創投老園丁的私房札記」，相信它可以做為各年齡層讀者的絕佳人生、事業指南，是值得你我收藏的一本好書。

目次

第一章

在創業經營的道路上……

第二章 在職場自我實現的路上……

第三章

在新興科技發展的變革路上……

第一章

在創業經營的道路上……

創業，從來就不是一件簡單的事情。
公司成長擴展的過程，也有來自不同階段的挑戰。

Jimmy（吉米）教我的事

人與人的溝通，常因雙方先入為主的思維，孩子預設父親要說教、員工預設主管要苛責，導致溝通不良。

小時候寵物狗 Jimmy 不舒服時，會自己到院子草叢中找「解藥」，職場、家人間的溝通，何嘗不適用呢？建造知識花圃，用文字分享文章及心得，發現每個人都會自發地從中尋找有用的資訊，解決遇到的難題。

小時候家中曾養過一隻狐狸狗，非常乖巧貼心，家人疼愛有加地給牠準備各式料理，但有時看牠沒胃口顯得病懨懨。這時若是讓牠去院子裡走走，牠便衝去啃食各種花草，有時會在裡面嘔吐一番，神奇的是過了沒多久 Jimmy 就恢復元氣，也能正常生活。

原來，我們因為愛牠給予的吃食，對 Jimmy 來說可能一時無法消化，這時不如讓牠自由選擇，找到自己最需要的解藥。

Jimmy 的故事在人生過了半百之後，回頭審視自己對事業及家庭的經營付出時，突然靈光一閃地出現在腦海。在公司管理員工與在家教育子女都遇到一個共同的問題：希望他們聽話卻又擔心他們沒有創意；自己用人生寫下的經驗想傾囊相授，卻不一定能被接受。

因為 Jimmy 讓我理解許多事。例如，在孩子們成長的過程中，作為父親的角色隨著時空的不同也需要不斷地調整。孩子小時候對父母給予的意見多數奉為圭臬，作為父母會提醒他們學會自己思考，不論是作學問或是為人處事，都能思考周詳，然後找到最佳解方。

《戰國策》〈觸龍說趙太后〉篇有言：「父母之愛子，則為之計深遠。」在陪伴孩子成長時，希望孩子能參考自己的方式，也許就不用走冤枉路，在工作及生活上能處處順利、成長茁壯。

然而，孩子在我們呵護下成長、鼓勵中思考，有了獨立的個性，這是做為父母的成就，但難免成為扞格的開端。這時不妨換個角度想，孩子表達自己的想法，父母也應給予尊重。

在公司管理上也會遇到類似的情況，比如主管善意的約談，在新世代的員工看來可能解讀為「被長官盯」。其實，從事創投業二十多年，有足夠的經驗解決許多問題，這些經驗若不被「好好利用」，想想著實可惜。

事實上，人與人相處的困境，要不是時間不對，要不是地點不對、氣氛不好或方式不對，有時也會因彼此頻率不同，或對談話內容不感興趣，就是無法好好聊天。當雙方都陷入先入為主的思維時，孩子預設父親要說教；員工預設主管要苛責，容易導致溝通不良，談話非但未達到教育目的，有時反而弄得灰頭土臉、兩敗俱傷。

所幸拜現代科技之賜，想到一個方法，就是著手收集資訊，平常看到好文章就加注自己的一些閱讀心得，用 email 或 Line 的方式分享給子女或是公司同事，後來發現隔些時候有機會聊天，他們會不自覺地提到曾經在我給他們的資訊中得到啟示，這時就知道他們已經撿起對自己有用的東西了。

就好像 Jimmy 在一園子的花草中找到自己的解藥一樣，我也作起一名園丁，開始灌溉一個花圃，讓家裡或公司的孩子們有機會在此找到一個訊息，希望能在人生中的某時某地就這樣解決了他們遇到的問題。

專注核心　用變形蟲方式成長

中國大陸知名企業「個推」創辦人方毅，專注發展企業核心競爭力，如變形蟲般快速適應市場需求，在一次次的試錯過程中，也找到企業更多盈利點，終至站穩訊息推送服務的市場前端。

反觀個人生涯，也應依自我的天賦，培養、精進核心專業能力，時時轉換角度觀察，就有可能找到屬於自己的另一片藍海。

前些日子，一位新創業者談起自己在創業路上遇到的問題，過程中碰到的投資單位、商業客戶，甚至政府的投資審議委員，每個人都非常熱心，但是給予創業者的意見都不一樣，讓新創團隊無所適從。

這讓我想起中經合在二〇一一年投資的「個推」這家公司，其在市場崛起的故事，值得新創業者參考。

個推創辦人方毅是中國大陸知名創業家，他帶領個推在互聯網風起雲湧中數度起伏卻從未失去過方向，憑藉著專注核心競爭力，讓個推有如變形蟲般快速適應市場需求，終至站穩訊息推送服務的市場前端。

什麼是訊息推送服務？舉例來說，二〇一九年雙十一購物節，在各大電商平台成交數字刷新紀錄的同時，個推當天個推的訊息量超過二百七十四億條，無疑是電商時代促銷的好幫手。

個推今日耀眼的成績並非一蹴可幾，而是歷經幾度大轉型，每一次都走在風尖浪頭上，過程險象環生，也飽嘗功敗垂成的痛苦。

二〇〇五年，當時手機通訊錄是使用者重要的資料庫，卻有備份不易的缺點，方毅團隊催生了名為「備備」的備份充電硬體，這個初試啼聲的產品，方向對了，技術也追求極致，但成功喜悅沒有持續太久，二〇〇七年谷歌（Google）推出安卓（Android）系統，澈底改變了手機產業的格局。這是方毅新創的小蝦米第一次遇上大鯨魚。

二〇一〇年，智慧手機還未普及，在短信還需付費的年代，個推開發跨網免費短信手機軟體，能支援所有主流手機，讓不同平台的用戶，通過個推免費聊天，和後來iPhone推出的iMessage幾乎一樣。

這樣精準看到需求卻無法發揚光大，主要的原因是隔年微信席捲市場，而相較於微信，個推依然是一隻小蝦米。

方毅再度進行公司轉型，這次他放棄手機用戶市場，轉向面對開發者提供技術服務，終於在推送服務領域中找到切入點，進而開花結果。

方毅雖不是典型互聯網時代出生的孩子，卻是接觸互聯網最多的一個世代，他有滿腦子創新概念，雖然二度被迫放棄得來不易的市場，卻能轉型升級、浴火重生，主要原因有三，鎖定與原來競爭力相關、剛需和高頻使用的項目，成功將核心技術運用到新場景之中。

科技發展每十年就有一個新的浪潮，二〇〇〇年出現了互聯網，二〇一〇年移動互聯網崛起，二〇二〇年變成了人工智慧的時代。方毅在掌舵個推的過程中，即使市場瞬息萬變，也能不斷了解和挖掘新的需求，勇敢地走出自己和公司的舒適區，使公司始終處於科技發展的前端。

方毅的創業經驗給予新創業者三個重要的啟示，其一是低成本試錯，抓住機會便快速轉型，對於初創企業非常重要。方毅大學時期開始創業，創新意識一直貫穿於他的創業過程中，個推在積累了一定的資料後，嘗試了非常多的應用領域，雖然這其中大部分是失敗的，但他不畏懼失敗，勇於嘗試，在一次次的試錯過程中，個推也找到了更多的盈利點。

其二，小蝦米若必須與大鯨魚一較高下，要學會如何與大鯨魚做差異化的競爭，利用自己的核心技術，專注地解決好客戶的問題。

其三，培養自己創新性解決問題的能力，時時換個角度觀察，才有可能找到另一片藍海。

跨國經營　傾聽在地聲音

台灣市場規模有限，企業要拓展事業版圖，打世界杯是唯一途徑，不論是商務的合作或是成立新據點，除了評估大環境局勢，還要思考如何接地氣。

引用先人的智慧「以夷治夷」，才能善用當地人才，快速拓展市場、排除營運障礙。跨國企業做不到在地化，再好的能力都無法發揮。

《明史．張祐傳》有言：「以夷治夷，可不煩兵而下。」原意是利用外族或外國之間的矛盾，使其互相衝突，削減力量，以便控制或攻伐。而古時將軍在征戰之後取得領地，讓不同民族自己管理內部事務，也稱之為「以夷治夷」。

古人的智慧，值得深思。

中經合曾經投資兩個公司，一是台灣老牌的醫療相關企業，另一是美國的新創半導體晶片公司。前者在中國市場鎩羽而歸，後者則是來台發展功敗垂成。這兩個公司都有著優秀的領導人、充裕的資金，不過在經營管理上都不夠接地氣，以致無法順利攻占市場。

這家醫療相關企業在台灣深耕數十年，基本上在服務品質及流程管理，以及對客戶追蹤輔導各方面都是業界翹楚，它把台灣ＩＴ及ＩＣＴ的思考邏輯跟見解變成模組化、工廠化的流程管理到大陸去拓展市場，機會非常大。

然而，由於公司的主要幹部都是台灣人，不夠了解目標市場的需求，導致對市場情勢判斷有誤，鎖定中國高端市場，儀器建置成本高，市場卻遲遲無法打開而備感壓力。這時競爭對手出現了，中國有一個新創公司致力於搶攻市占率，服務內容先求有再求好，又透過併購方式擴大公司原本較缺乏的檢測能力。

於是，同為健康管理產業，對中國市場的解讀不同，發展出不同的市場開發及管理策略，結果是台灣公司黯然退出中國市場，大陸新創公司後來在美國NASDAQ掛牌上市。

美國的半導體晶片公司的例子則是因為創辦人無法授權以致孤掌難鳴。創辦人是美國籍的越南人，在美國知名半導體公司美光服務多年，是個擁有豐富商業發展經驗及高端技術能力的戰士。

由於半導體的生態支援系統及聚落族群在台灣，因此這個美國公司把研發、設計及營運總部擺在台灣，也在台灣聘雇工程師及幹部。

雖然投資後六年公司就順利在美國 NASDAQ 上市，但接著由於產業生態巨變，有美國最大的競爭業者殺價搶單，加上中國政府傾全力扶植大陸業者投入此市場，這個晶片公司雖在台灣卻沒有真正打入台灣半導體產業，無法得到奧援而陷入絕境，終至下市收場。

分析主事者的個性，他自以為了解亞洲人，在台灣雖然雇用工程師及主要幹部卻仍事必躬親，一人掌決定權，由於語言及文化的差異，他無法跟台灣半導體產業的上、下游老闆真正交心，也就做不到合縱連橫，產業分工，以致一旦產業變動激烈，就孤掌難鳴，無法互相支援打團體戰，終至敗退。

跨國創業的首要條件就是評估局勢，找到方法並開始深耕。比如中國與台灣雖然同文同種，但是中國不是台灣，服務業做不到在地化，內好的能力都無法發揮。同樣的，美國晶片公司來到台灣這個半導體寶山卻得不到產業力量，也是無法接地氣、運用「以夷制夷」的策略所致。

湯馬斯・佛里曼（Thomas L. Friedman）在《世界是平的》一書中有一個觀點很有趣，就是要評估一個社會發展有很多常用指標，但是有一種無形的指標更重要，就是「你的社會是回憶比夢想多，還是夢想比回憶多？」跨國創業的第二個條件，就是認清任何成功經驗都只是一個回憶，要摒除自以為優越的想法並彎腰傾聽在地聲音，才能在異地找到夢想。

新創的天時、地利、及「人合」

新創事業的成功尤需要天時、地利及「人合（團隊合作）」，其中天時、地利可遇不可求，但都可以依客觀的研究及數據作判斷，至於「人合」則是最難掌控。

「人合」是指能否領導團隊眾志成城、完成大業，有如管理球隊，每個角色各司其職。領導學是個抽象的學問，文中就不同案例試著解剖領導的真諦。

「水之積也不厚，則其負大舟也無力。……風之積也不厚，則其負大翼也無力。」這是莊子〈逍遙遊〉中的名句，意為：如果聚集的水不深，就沒有負載一艘大船的力量；聚集的風不夠強大，就無力負載一個巨大的翅膀。

近期看到純網銀國家隊將來銀行的一連串新聞，包括遲遲未取得營業執照、人員流動大，再到總經理、營運長陸續離職等。當各界質疑揣測不斷的此時，對照二〇一九年剛取得審核資格時的官方力挺、黃金陣容以及備受期待的未來，可謂有著天壤之別。

成功的案例通常只有一個樣貌，但失敗的故事永遠有著不同的理由。將來銀行的問題顯然出在公司治理及管理效能，至於未來局面如何收拾，又如何演變？且讓其背後的大股東中華電信、兆豐銀行去煩惱，我倒是想起當年台灣大哥大新創時的一些往事。

台灣大哥大與將來銀行有著一樣顯赫的身世，是由太平洋電線電纜、富邦金控等知名公司轉投資的新事業，身為創建核心團隊一員，個人從開始就親身經歷所有過程。

一九九六年，電信市場的熱度就如今日的純網銀，當年台哥大成立籌備處、撰寫投標營運計畫書，在一九九八年取得經營執照。其間，工程團隊與業務團隊沒有時間勾心鬥角、爭功諉過，而是不分你我、各司其職，可說是遇山開路、遇水搭橋，因為客戶與競爭對手都在門口，時間一點都延宕不得。

猶記在得標後，台灣大哥大的工程團隊以最快進度建立台灣全區基地台，業務團隊也一起拼命配合搶得等待門號的近百萬客戶，使客戶數快速成長，並在二〇〇〇年底就超過行業老大中華電信，短短兩年就成為台灣第一大的行動電話商。

每一個新創事業都需要天時、地利及「人合（團隊合作）」，其中天時、地利可遇不可求，但都可以經由事先客觀、合理的科學研究分析作判斷。至於「人合」則是最難掌控的部分。

網路銀行及行動電話都是大勢所趨的行業，也是政府主動開放競爭，提供人民使用需求的服務。因此，將來銀行及台灣大哥大的創建均占了天時及地利，變數還是在於「人合」。「人合」指的是創辦執行團隊能彼此眾志成城，合作完成大業。少了「人合」就無法將水積厚，使之得以行大船；將風積厚，使之得以承大鵬。

台灣大哥大能夠快速崛起，成功打下一片江山，重點在於打造「人合」，就是執行強而有力的領導。

任何成熟企業轉投資的新事業皆難以擺脫官僚沉痾及人事角力。台哥大的主事者深切了解人性，盤點團隊組員心裡的安全感，讓大家各安其分、各司其職，而角色分工及具體報酬獎勵明確，則是驅動大家放下自我，朝一個目標前進最好的方式。

合作，真的不易，來自大企業的一流人才個個聰明又專業，若能合作定能一點一滴蓄積能量，成就大江大海；若不能合作則如同「合」的字型一樣，一人一張口，各吹一把號，最後什麼事都辦不成。

領導人帶領征戰隊伍時，愈要眾人合作，就愈該把每個人的獨特價值說清楚。如同一個球隊，每個人都清楚自己是前鋒或是後衛、都信任共同目標是為了讓球隊得分，而不擔心自己被取代，打起仗來就會真心全力以赴，適時補位。

創新有難度，不論是大企業或小公司，百戰老將或是初生之犢，一進入團隊就應將心態歸零。畢竟，第一名的前鋒也要在贏球的隊伍內，才能享有榮耀。

從美國職棒看人事管理

管理的最高境界就是讓人員自我管理，經由人性的驅動，自主達成目標。

美國職棒大聯盟中球團、經理、球員間的組織運作、績效評估及交易機制，所實踐的球員自主管理，可說是人事管理的理想境界。雖然職棒聯盟與商業的經營環境不盡相同，企業如何設計、運作人事管理制度，值得深思。

二〇〇五年，王建民站上美國職棒大聯盟（ＭＬＢ）的投手丘，我開始迷上ＭＬＢ、成為洋基隊的鐵粉球迷，自此每年季後世界冠軍賽都會排休假到異地觀看球賽。而十多年來造訪各大球隊的主場看球之際，體會到ＭＬＢ球隊的人事管理境界頗高，有如武俠小說中描述的「無招勝有招」。

日本經營之神松下幸之助的名言：「企業最大的資產是人。」人事管理的理論、方法博大精深，比如設計績效考核制度及執行流程，由誰來做？怎麼做？而不同主管對同一員工看法不盡相同，考核表格主項細則一連數頁，打考核季節一到，不同層級主管需約談、討論的事項繁複，往往全公司忙成一團。

這樣細緻的管理無非就是要突破制式、僵化的制度，盡量做到公平公正。但企業主經常抱怨「Monkey is always on my back」，很想卸下重擔；有些新創業者談起管理也會發牢騷，「為什麼他們不能同我一樣有著熱誠，一天二十四小時全心、全力投入？」

人事管理有沒有簡單又有效的祕訣？這個問題在我穿梭在ＭＬＢ各大球場看球時突然有一些想法。若能將管理的責任回歸到被管理者身上，就沒有所謂「管理者」與「被管理者」的角色互動問題。此外，良好的自我管理成為決定球員或員工價值的重要指標。

美國職棒球員來自不同地區或國家，球團對他們只有精神層面的管理而沒有實質、職能上的管理。在進入ＭＬＢ這個殿堂之前，每個球員都經歷日以繼夜揮汗苦練的日子，這就是自我管理的開始。

換句話說，球員的職業生涯其實是掌握在自己手中，因為歷經小聯盟磨練到大聯盟，參與的每一場球都將化成一個個數據一路跟著他，一直到職涯結束。這些歷史數據，代表了這位球員長期的角色職能及績效，也經由市場的交易機制，決定球團支付的薪資並據此擬定交易合約內容（包括合約期、交易選擇權、額外績效獎金等）。

有如電腦遊戲中，角色頭頂上會顯示生命力及戰鬥值一般，球團只要一攤開球員資料，由過往每一場球的成績長期統計數據，讓其過去、現在和未來的價值一目瞭然。特別的是，這些數據都是公開透明，可供各球團、球員自身及球迷從各方面分析與評量。

一個球隊有內野手、外野手、捕手及投手等，這個組成各司其職，各有不同面向的數據指標，作為客觀、公正、透明的評估依據。以薪資最高的投手為例，其重要的個人數據包括勝敗率、自責分率及三振率。在二〇〇六及二〇〇七年時，王建民都拿下十九勝成績，也是紐約洋基隊史上第一位連兩年十九勝的投手，他用成績證明自己的價值。

人事管理教科書對於績效與獎懲機制的原則，包括簡單、明瞭、公正、公平、透明，這些在美國職棒裡透過科學統計數據（成績）及市場交易機制（獎懲）完全實現。而這些長年累積的數據，也成為球員自我鞭策、自我學習、成長、自我管理的最佳原動力。

自我管理是經由人性驅動的，因為人們甘心為自己的抉擇付出代價，做出取捨。雖然職棒的組織與運作，不盡然與現實的商業環境相同，但它所實踐、運作的球員自主管理，可以是企業人事管理的理想境界。

中國四大名著裡的領導哲學

以古為鏡可以知興替，以人為鏡可以明得失。

中國四大名著《三國演義》、《水滸傳》、《西遊記》及《紅樓夢》，是一個個關於人的故事，閱讀這些歷史故事、英雄傳奇，能夠拾取古人的智慧經驗，學到企業經營謀略及用人處事之道，不用自己經歷，就可從歷史學到教訓，加速自己創業或人生的成長。

疫情期間商業活動停擺，反倒多了點時間，靜下心來閱讀、思考及沉澱。於是拿起我們時常推薦給年輕創業者的中國四大名著：《三國演義》、《水滸傳》、《西遊記》及《紅樓夢》，閱讀這一個一個關於人的故事，讓我感悟良多、甚是著迷。

對於年輕創業者來說，閱讀這些歷史演義、英雄傳奇，或者神魔、世情故事，能拾取古人的智慧、經驗，學到企業經營、謀略、組織以及用人、處世之道。

「大江東去，浪淘盡，千古風流人物……」蘇軾的〈念奴嬌．赤壁懷古〉為後人傳頌，也是《三國演義》的背景，那是個時勢造英雄的大時代，而創業猶如闖蕩江湖，到處是新興機會，大家也都在你爭我奪；讀《三國》最深的體會是，懂得用人有時可獲得比擁有千軍萬馬更強大的力量。

在三國故事中，劉備以「仁」治天下，是個會用人、能團結人的領導者。他三顧茅廬請來諸葛先生當他的總經理，運籌帷幄，決勝千里，也因此每每在征戰中能以寡敵眾、屢創佳績。

《水滸傳》的領導學則著重分享，梁山泊好漢個個武藝高強、桀驁不馴，為什麼都聽宋江的指揮？原因無他，宋江以道義聚集人心，在每一場大戰之後，會與大夥兒一起大塊吃肉、大口喝酒博感情，並立即發放戰果；試想，工作成效能獲得及時回饋，各路英雄便會服膺組織內的法則，出任務時無不勇往直前，為組織開彊闢土。

不論是逐鹿中原或是行走江湖，三國及水滸的領導人都有可供分配的資源，一如企業主會支付員工薪水。唯有《西遊記》中的唐僧一無所有，一路受妖怪追殺，卻能得到徒弟及王公貴冑的支援，最終修成正果。

如果唐僧是一個企業主，沒有支付薪水的情況下，員工還能持續相挺，依恃的究竟是什麼？

唐僧不是一般的領導人，他外表看起來不堪一擊，內心卻強大無比，有著不達目的決不停止的覺悟。

唐僧若是創業者可歸納出三個特色，一是取經的目標明確，擇善固執。二是恩威並施，巧妙運用孫悟空身上的緊箍咒，讓主要幹部忠心不二。第三，對外界投資者描繪出遠大願景，最終也順利取經回來，讓所有投資人都受益。

唐僧堅定信仰及適時柔弱處下的領導統御哲學，很值得創業者思考並活用。創業者除了需具備專業之外，也要能洞悉人性、洞察人心，即使過程歷經千辛萬苦，終有一天能華麗轉身，成功立業。

《紅樓夢》是一部談情的鉅作，但若以經營哲學論之，比較像是一個家族企業，由第一代出生入死打下基礎，第二代守成經營、勉力支撐，到了第三、四代，因為無法創新突破，家族子孫驕奢淫逸，把祖輩拿命換來的基業敗個精光，終至「食盡鳥投林，落了片白茫茫大地真乾淨」。

股權集中是家族企業的優勢，也往往是致命危機，一個家族企業若子孫無心接掌後繼無人，又沒有培養專業經理人的制度，最後也難免由盛而衰，終至悲劇收場。

閱讀的樂趣在於心領神會，講究一個「悟」字，能傳頌千古的故事除了易讀有趣之外，若能旁徵博引，細細品味，便能體會「以古為鏡可以知興替，以人為鏡可以明得失」的大道理。

美國總統歐巴馬的「應許之地」

歐巴馬是美國第一個非裔總統，任內政績受到多數人的肯定，更獲得諾貝爾和平獎讚揚其貢獻，稱歐巴馬是美國最成功的總統之一，實不為過。

他的回憶錄《應許之地》中提到，成為卓越領導者的四個成功心法「提出理想、訴諸利益、用心傾聽，然後提出激勵人心的口號與實際解決方案」，這些也是企業領導人必要的修練。

二〇二〇年十一月，當全球矚目美國總統大選之際，前總統歐巴馬出了回憶錄，以《應許之地》為名，呼應美國價值與精神。年假期間拾來翻閱，頗有驚喜，除了文采斐然易讀，內容引人入勝之外，對於一個卓越領導者需要修練的特質領悟良多，即提出理想、點出利益、虛心傾聽，以及簡單動人的目標。

歐巴馬在美國總統任內的政績受到多數美國人肯定，不僅獲諾貝爾和平獎，作為美國第一個非裔總統，對外面對國際局勢的暗潮洶湧，對內因應龐大組織內各種明裡、暗裡的矛盾及衝突，卸任時民調還能居美國歷任總統第三位，足見其調和鼎鼐的能力。

有人稱歐巴馬是美國最成功的總統，但成功的定義往往不一而足，暫且不論。就傳記讀來，他不忘初心的自覺與內省，最是令人印象深刻，再來就是他說明自己、說服別人的立論基礎，有如一個高明的棋士，知道自己下每一手棋的理由，也看清對手最想下的那一步，如此一來一往之間，激盪出雙方都盡興的每一局。

在閱讀此書領悟到，卓越領導者有四個成功心法：一、以理想喚起群眾自覺的力量；二、用利益達到合縱連橫的目的；三、用心聆聽追隨者的聲音；四、提出簡單的口號激勵人心。

首先，「自利」是一件好事，「自利又能夠利人」則是一件更好的事。歐巴馬的坦誠引人自覺，他出來選總統有自己的價值觀及理念，做這件事不是為別人，而是為自己。經濟學之父亞當．斯密（Adam Smith）在《國富論》裡說：「我們每天有得吃喝，並非由於肉商、酒商或麵包商的善心，而是他們關心自己利益。我們訴諸他們自利而非人道精神。我們不會向他們說我們多可憐，而是告訴他們能得到什麼好處。」

自利需要有崇高的理想作後盾，當理念受到挑戰時，若能以同理心盱衡情勢，提出雙方都能滿意的條件，則談判成功的機率將大增。歐巴馬說服拜登及希拉蕊都曾說：「這不只是為了我，也是為你自己。」當然，若只訴諸自利，只能吸引唯利是圖的小人；以「理想加上利益」才能聚集優秀的人才，歐巴馬即是如此延攬年紀、經驗比他大的人，成功管理複雜龐大的組織。

其次，團結人心是所有領導人一生的功課，也是組織能否成功擴展進而更上一層樓的關鍵。歐巴馬在競選總統前，歷經種種試煉，終於跨越一個又一個難關，才得以入主白宮。二〇〇四年他在波士頓的知名演說中，用簡單的三個字「Yes, we can」喚醒群眾對未來燃起希望，這個口號有如通關密語一般，串起愈來愈多人心，朝共同的目標前進。

在過去廿多年輔導新創事業的過程中，發現國內許多新創公司歷經多年的奮鬥，已經發展到成長及擴張階段，這時遇到最大的問題通常都與「管理」相關。我給予的建議是，當員工變多、組織變大，有專業經理人做日常運作之際，領導人的格局將直接影響企業的規模，這個階段領導人需致力提升自身的領導力，包括素質、品質的提升，進而直達心靈層次，用直指人心的力量團結眾人，帶領企業再創高峰。

歐巴馬面對複雜的環境依然能領導團隊前進，他的成功心法簡單容易執行。應用在商業上，提出理想、訴諸利益、用心傾聽，然後提出激勵人心的口號與解決方案，也是企業領導人必要的修練。

YES, WE CAN!

奇美食品宋董的宴客經營學

企業經營不外是二個重心，一是客戶的心，二是員工的心，而這兩個心的重點即是「謙沖有禮」。企業經營產品如此，對待員工亦然，每個人在生活中的待人處事也何嘗不是呢？

在奇美食品董事長宋光夫、鼎泰豐創辦人楊紀華兩位傳產前輩的身上，都可以看到如此的風範。

過去十年，台灣有一批新創業者逐漸嶄露頭角，隨著公司由初創成長至擴張的階段，論起產品經營及商業模式皆胸有成竹，卻在談到管理時坦言遇上瓶頸。這些以創業為職志，由網路科技起家的年輕人，儘管在線上能征善戰，也終須落地與實體接軌，須好好思量管理的奧義。

瓶頸，字義上來說是最窄之處，是挑戰也是機會，一經超越就能更上層樓、海闊天空，無法突破則原地打轉，甚至失敗告終。

曾聽過這段話：「世上有兩件事很難：一是把別人的錢，裝進自己的口袋。二是把自己的思想，裝進別人的腦袋。前者成功的叫『老闆』；後者成功的叫『老師』」。企業文化的建立是將老闆的思想裝進員工的腦袋，可見要將經營與管理同時做好，是難上加難。

困難之事往往是最重要的事，應以正向的、積極的態度著手進行。所謂「萬里之船，成於羅盤；千里之行，積於跬步。」創業不易，在人員變多，組織擴張下，對人的管理遇到挑戰也不必灰心，台灣有許多優質的企業都是如此一步一步走過來的，這些領導人的行事風範，有許多值得學習借鏡之處。

日前拜訪奇美食品董事長宋光夫，近身觀察這位打造奇美包子成為「天下第一包」的靈魂人物，領悟到傳統產業的創新背後，有著紮實的人文理念，以及溫暖的人情思維。

奇美食品每天生產五十萬顆包子，拿下各大便利商店八成五的市占率，這項在街頭巷弄很容易取得的小食，在宋董事長手上成了創新產品，也是傳統產業科技化的代表作。

一般而言，做食品不外美味與品質，至於外觀則是其次，但奇美以科技產品的概念來生產包子，嚴守SOP，達到規格與美味一致的標準，顧客不論何時撕開奇美的包子，都能有同樣的感受，其理念的精髓就是打從心底的尊敬。

因為尊敬消費者所以傾全力做到最好，顧客則由每一個產品中感受到這份尊敬。管理產品如此，對待員工亦然。

在奇美實業創辦人許文龍希望打造幸福企業的叮嚀下，宋董事長向來溫暖對待員工。在會議後的晚宴中，宋董一方面微笑地聽著年輕主管與客戶熱絡交談，另一方面則將整包的餐巾紙，一張一張折疊成三角形，傳遞給大家，看到上了湯汁的菜餚，還預先為同桌人準備濕紙巾，拉開一角，讓客人取用乾淨的紙巾，貼心的舉動讓人印象深刻。

鼎泰豐的創辦人楊紀華也有相同的風範，謙沖有禮不只對客戶，對員工也是一樣，儘管鼎泰豐名號早已馳名中外，他在舉手投足間依然盡顯榮辱不驚、千金不換的本心。

這也是管理的奧妙之處，上行下效，風行而草偃，當主其事者這麼做，員工也會跟隨，企業文化因而建立並傳承。正如魏徵在〈諫太宗十思疏〉云：「木之長者，必固其根本；欲流之遠者，必浚其泉源。」企業領導人正是擔負著固本浚源的重大責任。

企業經營不外二個重心，一是客戶的心，二是員工的心，兩者都需要長期經營。新世代的經營者在領導團隊時，不妨從奇美食品、鼎泰豐這樣的傳統產業汲取管理經驗，並及早建立優質企業文化、營造團隊願景，以期突破瓶頸，再創高峰。

企業經營的「應無所住而生其心」

工作職場就是修行的道場，但當煩心雜事接踵而來，仍要保持一心不亂並不容易，試著用智慧心來面對現實種種的困境與挑戰，是你我必要的訓練。

近年來矽谷高科技公司紛紛鼓勵員工禪修，不僅可以淨化心源、凝聚共識，對外亦能優化客戶關係，進而照明企業經營管理方向。

這些年對探索內心的自我產生興趣，也曾參加短期禪修，感受到經義的微妙，體會到萬事萬物皆源於心念的波動，心可生智慧，亦可生出煩惱，行走坐臥如此，經營管理亦然。

以往在輔導新創業者時，常面對同一個問題，草創時期由於資源有限，經營者往往事必躬親，公司大小事一肩扛起，每日從早忙到晚，一刻都不得閒。然而，忙碌並不一定能帶來績效，反而推遲了必要的決策以及未來的重大規畫。

這時想到《金剛經》說：「不應住色生心，不應住聲、香、味、觸、法生心，應無所住而生其心。」據說六祖惠能聽五祖講《金剛經》時，在聽到「應無所住而生其心」便豁然開悟。我們也試著用智慧心來面對經營現實，把我們平口浮躁的心收回來，或許能在亂境中抽絲剝繭，找到解決煩惱的方法。

首先，企業領導者對公司處處用心本來是好事，但我們凡大的心實在太容易被環境所左右，因此，為了不因小失大，心的訓練至關重要。

「應無所住而生其心」雖僅八個字，其奧義卻能帶領讀者進入由淺至深的修心之旅，其中「無住」就是不在一個念頭或現象上產生執著。由此看來，經營者處處用心，這心是不是用得太多，以致擾亂思緒？或是對小事太上心，反而干擾了大事？「住」的意思可以理解為「罣礙」，心中不牽掛也就是「無所住」。

職場就是修行的道場，當雜事接踵而來仍保持，心不亂並不容易，卻是必要的訓練。作為經營者要適時收攝心神，才能精確判斷；試著提升心識、專注當下，好好解決每一件事，不應囫圇吞棗地只求快速完成；任何事處理完成了就要把它放下。放下是為了騰出手來做別的事，比如水喝完了，杯子應該不會一直拿在手上。

其次，心若無所住便能澄清如鏡，這時便能生起清淨心、智慧心，進而以清醒與真實的態度面對周遭的一切，洞悉其所代表的意義與價值，把時間留給最重要的事，而不是別人口中所謂緊急的事。

此外，佛教經論中常提到「空」性，空並不是什麼都沒有，而是由「見山不是山」進展到「見山又是山」的境界，體悟到眾事物可以同時既存在也不存在，以出世的精神做入世的事業，如此由空到有，讓心不會住在執著之中，為事業開啟無限可能。

《維摩詰經》說：「心淨則佛土淨」，企業經營者有如修行者，若能生起智慧心便能見人所未見，覺人所未覺，不會等到問題生成了才面對，而是在其未顯現之前，就能洞燭機先，防患於未然。

日本「經營之神」松下幸之助也對禪修頗有心得，他曾說：「像我這樣才能的人在這個世界上比比皆是，我之所以能成功，其中關鍵一點就是對禪的領悟。」他以經義開發智慧激發創新能力，同時配合慈悲利他的做法，將企業經營管理的規則，落實在生活當中，終於成就一個偉大企業。

過去十數年，全球也掀起東方文化熱，以科技數據、目標為導向的矽谷開始以禪修為時尚，高科技公司如谷歌、臉書等紛紛鼓勵員工探索內心，注重心的訓練。這樣的訓練可以啟發員工淨化心源、凝聚共識，因為智慧心對內能養成企業價值文化，對外能優化客戶關係，進而照明企業經營管理方向。

他為什麼那麼喜歡倒垃圾？

許多企業人士喜歡在結束一天的繁忙疲累之後，回到家裡捲起袖子洗洗碗、倒垃圾，做些簡單的家務，除了可以增進家人感情，還能有效緩解被瑣事困住的身心。

其實在「簡單事，重覆做」的過程中，享受獨處時間、傾聽內心的聲音，有助左右腦轉換場景，張弛有度更能提高工作效率。

晚間飯後，在社區電梯經常碰到某上市公司的老闆，穿著家居便服出來倒垃圾。一開始在心中想，為何事業成功的他那麼喜歡出來倒垃圾？在好奇詢問之下，才知不僅是倒垃圾，他也擔起晚飯後洗碗的工作。原來，他有一套歡喜奉獻、沉澱身心的智慧在其中。

洗碗對這位企業領導人不是苦差，而是沉澱、觀照自己的時間，也是拂去一整天疲憊的儀式；在刷洗碗筷時，浠瀝瀝的流水聲，好像沖刷、洗濯了煩人的公事，在沒有任何人的打擾之下，如此簡單的動作、單調的流水聲，讓他感受到安定、安心，而放空大腦反而生出清靜，有效緩解被瑣碎事項困住的身心。

微軟創辦人比爾蓋茲、亞馬遜創辦人貝索斯也都是喜歡洗碗的人，顛覆了許多人對於成功人士的想像，他們的時間價值換算下來的結果，是看到地上有錢，都不應該彎腰去撿，為什麼會每天花時間洗碗？

「簡單事，重覆做」，清潔環境也自淨其意，有可能產生意想不到的效果。

首先，生活中需要用腦的地方多，我們的頭腦總是在處理源源不絕的資訊，卻往往無法看到事件的全貌，原因就是很少有機會真正連結到內心，觀照自己；做家事能服務家人，也能修心，在反覆做之後更能有所啟發。

不少禪宗祖師也透過灑掃這些小事修行。「我拂塵、我除垢」就是佛陀給周利槃陀伽的心法，讓一個原本記不了任何偈語、毫無自信的僧人，經由日日清除外在的灰土瓦石，年久日深地執行之後，也能悟出清除內在無明煩惱的大智慧，證得羅漢果。

其次，焦慮的時候做簡單重覆的事，不但有助舒緩神經，還能生出創意。在醫學上，交感神經屬於加油備戰的一方，副交感神經則是負責放鬆休息的角色。

有趣的是，有些上班時想不到的創意與靈感，會在放鬆的時刻突然湧現，古希臘羅馬著名的科學家阿基米德，就是在泡澡時參透浮力與質量的關係。

「簡單事，重覆做」蘊涵著不同面向的智慧與啟示。由個人來看，人的大腦與身體一樣需要適當的休息。白天在應對職場上高難度的工作之後，下班若能在家做些洗碗、倒垃圾等簡單明確、容易完成的家務，有助左右腦轉換場景，張弛有度更能提高效率。

在職場管理上，領導人雖然胸有丘壑，但在調兵遣將時若能換位思考，將更能綜觀全局。執行大計畫時配合員工的能力，把工作分拆成較小而具體的小目標，或是短時間可完成的子項目，將可以協助員工建立自信及成就感。

此外，企業領導人雖然公事繁忙，心態的轉換有助平衡家庭事業的角色扮演，縱使上班領軍千萬，下了班就是幾口之家的一份子，實際捲起袖子洗碗、倒垃圾，在過程中享受獨處時間、傾聽內心聲音，實際參與後也更能理解對方，增進家人感情。

人生即是道場，與其不間斷追逐而忘其所以，不如每日提醒自己內觀所有的起心動念。如此一來，事業經營、家庭和諧、養生與修行，都在一餐、一飯、拂塵、除垢，簡單事重覆做之間。

鈦衛星計畫失敗啟示錄

自古不以成敗論英雄，然而成功往往只有一種姿態，失敗卻有千百種樣貌。

過去市場上對「鈦計畫」有著太多的評論，譬如定位錯誤、價格太高、漠視市場變動及管理不當等。「鈦計畫」可說是一個迷航的新創公司，風光成立卻慘澹收場，猶如璀璨煙火之後，夜空顯得格外漆黑，徒留觀者的一聲嘆息。

最近一則有關亞馬遜及馬斯克布建衛星物聯網的新聞吸引了我的目光，思緒一下跌入二十多年前，摩托羅拉推出「銥計畫」布建六十六顆低軌衛星通訊的大型投資，被評為史上十個最愚蠢的商業決策之一；年輕的我曾經是這個跨國計畫的成員之一，有機會見識「銥計畫」的樓起樓塌。

在行動電話剛剛萌芽的一九九〇年代，摩托羅拉工程師柏蒂格（Barry Bertiger）構想衛星行動電話，可以在地球任何角落有無縫隙的全球通訊。

這個低軌道衛星計畫得到摩托羅拉前後兩任董事長的支持，一九九一年在聯合全球十七家通訊大廠，集資五十多億美元之下，銥公司橫空出世，其強大的陣容與技術背景有如美麗的煙花迷了世人的眼，沒有人相信這樣一個完美的計畫最後會如煙花般消逝於星空。

台灣的太平洋電線電纜集團也在一九九四年加入銥計畫，投資新台幣五十億元在台灣成立太銥公司，包括定期參與全球合夥人的董事會，建設銥全球衛星系統的台灣地面接收站、獲取經營區內各國的頻普、商業營運執照及商業營運計畫等，當時我就任職太銥公司，是負責此計畫的幾名成員之一。

銥計畫一九九六年開始進行發射衛星，那時行動通訊技術日漸成熟，通訊普及讓全球100％覆蓋的衛星通訊變得曲高和寡，因為全球80％的地方並不需要它，連都會區的生意也被地面移動通訊捷足先登。

令人錯愕的是，鈦公司仍然執行原訂計畫，並沒有任何修正的做法。於是鈦計畫中最亮的一朵煙花在一九九八年出現，請來美國前副總統高爾打了第一通電話並宣布正式營運，這時公司早已虧損累累，卻沒有人願意道破；二〇〇〇年三月，鈦公司負債四十億美元並宣告破產，隔年以兩千五百萬美元出售；摩托羅拉認列虧損高達二十億美元，甚至分拆業務、賣掉手機事業求生。

追根究柢，鈦計畫的失敗再次說明了ＳＴＰ：正確的市場區隔、目標對象與市場定位的重要性。

過去二十多年對「鈦計畫」有著太多的評論，譬如市場定位錯誤、鈦電話價格及通話費太高及漠視科技與競爭市場的快速變動態勢等。也有人指鈦計畫是因「生不逢時」慘踢鐵板，但失敗的背後還有一個主要原因，就是管理不當。

一個公司在管理上有二個支柱，分別是經營團隊和董事會。若是經營團隊很強，便能以績效說服董事會；反之，若是董事會很強，就能適時提醒和監督公司發展。鈦公司卻是兩者皆弱。

首先，經營團隊的核心成員過去都是在大組織、有資源情況下工作，不僅人事成本高且無法創新，但鈦計畫本身是個新創公司，需要管理團隊用變形蟲方式快速應變市場，以期貼近市場、適時迂迴前進。

再加上，投資股東及董事成員看似陣容堅強，其實各有目的，多為商業利益而來。

各有盤算組成的董事會，變成各懷鬼胎，加上董事成員也都是有頭有臉的人士，有時不便深入問題討論及對團隊提出明確指示，因此董事會結果往往是大家和稀泥，虛晃了事，無法強力監督管理團隊的營運。

自古不以成敗論英雄，然而成功往往只有一種姿態，失敗卻有千百種樣貌。鋐計畫可說是一個迷航的新創公司，風光成立卻慘澹收場，猶如璀璨煙火之後，夜空顯得格外漆黑，徒留觀者的一聲嘆息。

「Coaching」
——提升團隊戰鬥力的新利器

傳統上的員工教育訓練是講師授課或研習活動，以上對下的單向教學方式進行，期待員工能夠學以致用，把工作做好。

但在競爭激烈的職場環境，把工作做好是不夠的，還要能夠創造卓越。愈來愈多企業開始關注員工心理素質的提升。源自於運動競賽的「Coaching」（教練服務）被許多知名企業引進作為員工培訓的方案。

某次聚會中，集團所投資的新創企業創辦人高興跟我說：「他得『道』了！」詳談後得知，他在發展員工的教育訓練方案中加入「Coaching」（教練服務），在專業教練的引領下，自己和團隊得以突破僵化思維，發揮更大的價值和貢獻，在提振公司士氣及工作效率上獲益良多。

突破盲點　擺脫僵化思維

目前企業為員工規畫的教育訓練，內容大多以培養工作所須的知識、技術或能力為主，傳統上是講師授課或研習活動，以上對下的單向教學方式進行，期待員工能夠學以致用，把工作做好。

但在競爭激烈、多變的職場環境，把工作做好是不夠的，更需要能夠創造卓越。因此，愈來愈多企業開始關注員工心理素質的提升，如何更積極主動地投入工作、發揮正向思考與創意，從挑戰中激發更多潛能並突破自我。類似於運動競技賽場，在企業環境中的「Coaching」能夠有效協助個人和團隊由內而外的蛻變成長，提升內在覺察力和驅動力，通過行動完成卓越。

不同於老師對學生授課，「教練」（Coach）比較像是「被教練者」（Coachee）在自我成長或達標過程中的夥伴。教練依據不同的需求，以聆聽、觀察、提問、回饋等方式，透過深度對話的過程，協助被教練者自我覺察、突破盲點，進而開創出不同於以往的結果，或者比以往更有效率地完成目標。

Coaching的過程就像在照鏡子，經過與專業教練的談話，被教練者能夠更明確感受自己的情緒並釐清內心的想法，找到內驅力去改變、成長或達標；由於外在的目標和內心的需求更契合，被教練者能更有成就感，也更有韌性去克服挑戰！例如，許多上班族努力練就十八般武藝，也試過跳槽轉職，依然感覺懷才不遇，意志消沉。不但自己不開心，從組織的角度來看，可能就是一名不夠積極投入的員工。

深度對話 培訓員工韌性

這個主題的教練對話內容會因人而異，很重要的一部分是協助被教練者看清楚事情的本質：教練會先幫助被教練者釐清「懷才不遇」的定義是什麼？是指薪水不夠高？還是職位不夠高？是工作成果沒有受到表揚？還是工作內容不具挑戰性？

接著再請被教練者描述，心目中「懷才得遇」是什麼樣子？這個樣子有哪些是自己發自內心的渴望？有哪些是來自別人的期待？

「懷才不遇」跟「懷才得遇」之間的落差是什麼？造成兩者差距的原因可能有哪些？願意嘗試的解決方法是什麼？實際的行動計劃是什麼？教練可以扮演什麼樣的角色

協助達成期待的成果？

教練透過這些提問，協助被教練者探索內心的感受和需求、拓展思維的角度，最終能走出「無力或無奈」的心態，把控制權拿回自己的手上，選擇不同於以往的方式，創造自己想要的結果。

以國際賽事的運動選手比喻，運動選手好比專業經驗都傑出豐富的企業領導人，專業技術上他們已經不需要別人來教導該怎麼做。如果沒有教練，這些選手還是可能拿金牌，領導人也還是可以達成工作業務目標。但如果有一個專業教練的陪伴，在奪金之旅上，選手往往能更清楚、更有動力、更自信、更有效率往目標前進。因為教練的專業素養，選手可以避免許多無效的嘗試所造成的負面情緒，提升心智強度，游刃有餘克服挑戰，並享受整個過程。

除了企業領導人本身可以受惠於一對一教練服務之外，好的領導人也應該具備教練式領導（Coaching Leadership）的能力。相較於單向的發號施令，若能運用教練式領導技巧，不僅能協助員工成長發展，因為更多的提問與聆聽，在互動過程中能真正理解員工的觀點，彼此建立更多的信任並培養更正向的關係，對於帶領團隊往目標前進將更能事半功倍。

國際上許多知名企業，早已引進教練服務作為員工培訓發展的資源，經營管理上也廣泛地運用教練式領導，提升公司營運績效。

企業要在這個時代勝出並保持競爭力，單憑領導人或幾位主管的經驗與能力，已經不足以因應眼前多變的挑戰，需要更多優秀的員工一起努力發揮團隊的力量。

如何發展並提升員工的心智能力及強度，是現代管理者必須嚴肅面對的課題，備受推崇的 Coaching 是一個很好的選項。

以 ESG 為員工加隱形薪水

企業「成功」的定義不再只是追求利潤，而是要兼顧員工、股東、顧客、環境等各利害關係人的權益，創造永續成長。

ESG是指透過環境（Environmental）、社會（Social）和公司治理（Governance）三個層面，評估企業永續經營的指標，但其實ESG也可以是企業留住人才、提升員工忠誠度，解決人資管理課題的突破方案。

近年來，全球吹起ＥＳＧ永續風潮，ＥＳＧ概念包括環境（Environmental）、社會（Social）和公司治理（Governance）不只是企業追求價值與永續經營的重要一環，也已成為市場投資的顯學，個人認為，ＥＳＧ更是企業留住人才，提升員工忠誠度，打造勝過競爭者，創造企業獨特文化，放大品牌差異化的競爭途徑。

永續意識　人資管理課題

事實上，多年以來許多上市櫃公司早已布局與推動ＥＳＧ計畫，近來許多企業內部更進一步成立企業永續委員會，其中，透過人力資源管理（ＨＲ）推展永續意識，已成為企業人資管理的新課題，然而，許多企業仍將員工福利、獎勵停留在財務指標的連動，也就是「配股與加薪」上。

其實，這樣的酬勞獎勵、技能培訓等福利觀念已經過時了，現在的員工開始尋找物質報酬以外的事物，並評估對自己任職公司的感受，因此，使得更多企業開始採取不同的做法去吸引與留住人才。

企業一直處於激烈的人才競賽中，要如何得到員工的更高認同與忠誠是個迫切需要思考的課題，讓員工主動積極參與企業的ＥＳＧ計畫，並使之成為他們實踐增加隱形薪水的方式，將會是個可選擇的突破方案。

「除了一份酬勞，我為什麼價值而工作？」這是時下多數人對工作的疑問。而國內外報告也都顯示，現代人工作不再只為填飽肚子，更重要的是追求工作的意義與價值，甚至是情感上的關懷。尤其，一場疫情讓全球數百萬人離開工作崗位，重新思索工作的意義。「人」是企業永續經營的基石，企業如何吸引與留住更多優秀人才，這才是企業永續經營的成功關鍵。

以全球最大專業電子代工業者鴻海集團近兩年擘劃ESG為例，由董事長劉揚偉提出「永續經營＝EPS+ESG」的理念，包括推動六項永續策略及三十二項永續目標，宣示淨零碳排時程，整體ESG策略中，對內與員工的溝通重要性並不亞於對外溝通。

另外，精進推動ESG的台積電，由ESG指導委員會主席、董事長劉德音帶領實踐ESG行動，生產「高品質、低耗能」的永續產品，除了營收屢創歷史新高，ESG精神更融入公司日常營運之中，有系統性訂定管理策略，確實執行控管並檢視行動方案。總括來說，企業各自有一套方針，創造企業的競爭力。

內部發功　實踐社會責任

然而，為加速打造凸顯企業獨特價值、文化的競爭力，可由積極導入讓員工直接參與發展永續的行動方案著手，例如：透過 TOP-DOWN 主導與擘劃，由CEO與管理層協助ＥＳＧ大方向的計畫，再由員工由下而上參與規劃細項，可由志同道合的同仁共組專案活動，使他們投入、付出、貢獻，讓員工不只是為「賺錢」而工作，而是能找到實踐自我價值、成就感、認同感，實現增加隱形薪水的方式，如此，企業便能創造更高的員工忠誠度，最終，企業可放大倍數，打造有別於同業的競爭力。

值得關注的是ＥＳＧ的「Ｓ」攸關公司自身與外部組織結構，以及外部群體間的關係，包括勞工問題、健康安全、管理培訓、人權政策、產品責任等社會關注議題。因此，「Ｓ」是增加隱形薪水的最佳管道，透過小組方案設計，員工從團隊中設計主題、設定目標、完成任務，培養團隊精神與組織的向心力。

「成功」企業的定義不再只是追求ＥＰＳ賺錢指標與利潤，而是須兼顧與員工、股東、顧客、環境等各利害關係人的權益，創造永續成長。

而近年人資管理趨勢已無法忽略永續發展的議題，特別是多元與共融的價值。可惜的是不少企業還將永續發展議題視為單一「任務型組織」工作，缺乏全面整體性的推動。

面臨嚴峻人才爭奪戰、激烈市場競爭、不同世代工作價值觀的改變等，現在企業應拋開生硬的永續議題，在ＥＳＧ的實踐過程改由內部創新提案與創造體驗，不僅帶動跨部門溝通，打造更有助益的企業社會責任專案，也同時為員工加「隱形薪水」邁向更完善企業的永續經營文化。

世界扁平下的國際人才策略

全球化來到3.0階段，個人成為主角，企業與人才的價值都隨著科技發展有了全新定義，企業主善用科技召募國際人才，已成重要的趨勢。

台灣由於地理、經濟、產業的特殊性，對國際頂尖人才的吸引力並不足，然而一場疫情讓遠距工作成為常態，促成全球人才流動平面化，意外地為此問題找到解方。

台灣有許多躍居國際一線的優質企業，也有擴展快速的新創公司，究其成功的要素，除了掌握關鍵技術及產業趨勢之外，還有二大原因，一是人才，二是國際化，兩者缺一不可。再觀察其調軍遣將的策略也發現新時代管理要訣：企業適當地調整制度有助獲得頂尖人才的效力。

暢銷書《世界是平的》作者湯馬斯．佛里曼將全球化分為三個階段：由一四九二年至一八〇〇年是「全球化1.0」，力量來自國家；由一八〇〇年至二〇〇〇年為「全球化2.0」，力量來自跨國企業；二十一世紀開始，全球化已進入3.0，力量則來自個人。

在世界被抹平的前兩個階段，我們都見識過國家的力量與跨國企業的力量。其中，跨國經營的企業都經歷過聘僱在地人才、專業經理人外派，以及高薪延攬外國好手來台就任的過程。

傳統的管理思維告訴我們，須扎根國內教育、培養人才以因應國際化時代來臨；政府對企業引進人才也給予政策上、身分上的方便。

然而，效果不是太彰顯，畢竟台灣經濟體及產業環境不足以吸引頂尖人才長駐，會留下的多是婚姻等個人因素，不一定是能帶領創新的一流人才。

當全球化來到3.0的階段，新科技讓世界有了翻天覆地的變化，要贏得一場競賽少不了頂尖好手。對此，大企業自有其作法，而近年崛起的新創公司也有實戰心得，值得我們參考。

iStaging（愛實境）是非常國際化的新創公司，主要提供企業自行打造包括文字、平面、語音等AR／VR廣告行銷的工具。

宅妝的人事策略以務實為主，考慮到外國人來台難度高，台灣人外派任職也有適應問題，除了研發人才大部分在台之外，各地人才都在國外找、在國外上班，不用搬來台灣，一年只須三分之一的時間到台灣述職，公司也把握此交流機會，促成國內人才成長。

企業找國際人才是為了打造世界一流的公司，在美國職棒MLB、籃球NBA球隊中，美國白人的比例都不高，也在美國本土打比賽，但大家都認為是世界大賽。新創也是一樣，不論是召募、培訓及留住人才，成敗關鍵都取決於制度，用好的機制吸納世界人才，讓好的運動選手帶動整個球隊轉骨，能快速提升競爭力。

另一個例子是遠端工程師召募及一對一教學平台Arc & Codementor，以其在全世界兩百多個國家的發展經驗，並透過遠距招募全球人才，看到全球人才的流動與競合關係。

台灣公司由於地理、經濟、產業的特殊性，對國際頂尖人才的吸引力並不足，而一場疫情讓遠距工作成為常態，促成全球人才流動平面化，意外地為此問題找到解方。

當人才及工作都可以跨國時，雇用國際人才就不一定需舉家搬遷來台工作，可以透過視訊的方式合作。最大的優點是，不局限在當地僱用的作法，等於把大門打開至全球，可以獲取更多元的人才。

此外，就業市場在疫情之前偏在地化，疫情使之走向國際化。例如台灣人透過遠端工作任職海外大公司，人留在台灣，拿矽谷的薪水，不僅對台灣GDP有貢獻，不用出國也能和全球很棒的同事合作，得到國際化的機會。

這是一個雙向的概念，若單純找國際人才來培育台灣人，台灣整體環境能給的不夠。拜科技之賜，國界的概念愈來愈模糊，國內有價值的企業或新創也能與國際一流企業搶人才，打國際盃。

全球扁平化的時代，要成為更好的公司勢必要組成更好的團隊。然而，在管理遠端工作團隊時，亞洲老闆習慣看到員工的心態須調整，不要在乎工作時間等小事，要重視其產出；一個團隊來自不同時區也是考驗，不妨先與時區近一點的國際人才合作。

以台灣為例，高雄人才薪資也許比台北低，若台北薪資不須在台北上班，吸引力就大了許多。

今日，企業與人才的價值都隨著新科技發展有了全新定義，企業主善用科技召募國際人才，已成重要的趨勢；人才則可經由自我推薦或遠距工作媒合平台，充分展現自身的價值。

執子之手　創業者的婚姻課題

企業家在婚姻經營、伴侶相處所遇上的考驗，比一般人更嚴峻，因此新一代創業家也必須將婚姻經營納入創業管理的一環。

與一般職場不同，創業家在外拚搏，總不希望事業上了軌道，回頭才發現後院早已起火，因此選擇人生伴侶時更需留意價值觀的契合，才能讓婚姻中的兩人成為彼此人生及事業的助力。

結縭二十七年的微軟創辦人比爾蓋茲與妻子梅琳達宣布離婚的消息，成為創業圈茶餘飯後的話題。聊著聊著發現，企業人士在婚姻經營、伴侶相處所遇上的考驗，並不亞於職場競爭及員工管理。因此，新一代創業者也必須將婚姻經營納入創業經營學的一環。

成功企業家婚變時有所聞，但有不少年輕新創業者也已為此課題困擾。某次在一個婚禮晚宴上，跟新創H公司的創辦人廖先生同桌，席間他不斷看表，並用Line跟太太報備上菜進度……。原來，他近年忙著創業，在外日夜奔波，太太已經多次提議離婚，他手足無措，為了維持婚姻只好事事匯報。

另一家新創W公司的創辦人李先生，在聊到同一處境時苦笑道：他的處理方法是盡量夫妻一起出席聚會，讓太太認識公司的同事，也請同事們邀請他們的太太一起參加公司的活動，解決自己和同事們的共同難題。

這是個不錯的方法，經由參與、認識，了解到先生日夜接觸的人與事，不僅能避免猜忌，也能讓彼此體會、分享其中的甘苦，進而包容對方在婚姻中較不符合期待的部分。

古希臘哲學家蘇格拉底曾說過：「結婚不結婚，無論你選擇哪一樣，都會後悔。」後人都指蘇格拉底娶了一個悍妻，究其原因還是因為蘇格拉底忙於哲學研究，家庭的重擔全落到妻子一人身上，脾氣不佳也是可以理解的事。

婚姻是人能締結的最小社會關係，對人生卻有著最大的影響力。創業家在外拚搏，好不容易事業上了軌道，回頭才發現後院早已起火，這時亡羊補牢不一定來得及，應該經由邀請、參與、分享、互容的方式共同經營，讓婚姻中的兩人成為彼此人生及事業的助力。

二〇二〇年，華人企業高峰會頒發青年傑出創業獎，獲獎人小鎮文創的創業家何培鈞上台致謝詞時，當眾謝謝太太在創業過程中的支持，他稱岳母及太太所建立的支援系統，讓他得以創業、工作及家庭生活兼顧。

又在一次集團董事長宴請股東們的晚宴裡，七十幾歲的資深企業家謝董與太太聯袂出席，謝董伉儷經常一起出席各式活動，在先生忙於事業時，太太便參加繪畫習作等文藝課程。謝董的家庭與事業不見扞格，因為他了解婚姻與事業一樣需要經營。他們笑談彼此是互欠一世，舉止間卻盡顯情意。

婚姻究竟是何種面貌？只能說「如人飲水，冷暖自知」。好友的兒子決定創業時，結束了一段多年的戀情。好友談到這件事時提到，創業與一般職場不同，選擇人生伴侶時更需留意價值觀的契合，才能全心衝刺事業。

當年在創建台灣大哥大期間，主事者曾經分享父親告誡他的擇偶規則：如果選擇創業，就不要選生活嚴謹規律的另一半，因為他們的思考邏輯並不容易理解從商人士的生活方式及價值觀。

由此可見，自古婚姻講求門當戶對，並不只著眼於家世背景，還有考慮精神世界能否彼此理解與包容。這也是創投在作最後投資決定時，會特意安排請創業家夫婦一起用餐的原因，藉此考察這位創業家在婚姻方面的風險，畢竟要先齊家才能治國。

「婚姻就像一座圍城，城裡的人想出去，城外的人想進來。」這是著名小說《圍城》中的名句。許多人由此看到婚姻中的無解及無奈之處，然而，作者錢鍾書談到妻子楊絳時，也說過這麼一句話：「見她之前，從未想結婚；見她之後，從未後悔娶她」。顯然這座城被圍與否，端賴局中人的經營與管理。

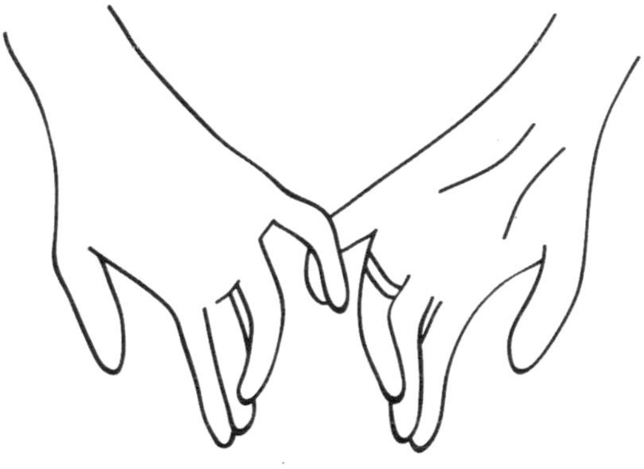

第二章

在職場自我實現的路上……

在一個人的前半生，職場至少占去三分之一的時間。上班族如何平衡工作與生活？尋求成長的同時，又該如何發掘繼而實踐自我價值？

都是AI演算法惹的禍

怎麼Netflix推薦片單都是印度片？原來是因為只曾看過二部印度影片，AI演算法運用了「大」數據分析，使用者絕對是一個印度文化愛好者?!

這個誤會源於當資料庫的資訊不夠多，AI判斷的結果自然非常局限。人的行為舉止、思考判斷不也如此？你我應不斷學習、累積經驗、拓展人脈，避免陷入以井窺天而不自知。

週末夜是我的家庭劇院時間，打開 Netflix 影音串流平台，搜尋著搭配今晚心情的影片，卻在試看幾部後發現有點不尋常，原來推薦影庫中清一色都是印度相關的影片，難道現在是印度文化當道嗎？不解的我又再登入另一個平台 Catchplay 才看到以往熟悉的各國影片。

原來，Netflix 這個新帳號是兒子為了方便我管理自己喜愛的影片而建立的，由於只看過兩部影片，剛好都與印度文化相關，因此再次登入時，偉大的ＡＩ演算法運用了「大」數據分析出我的喜好，百分之百是一個印度文化愛好者，無疑。

這樣一折騰，觀影的心緒沒了，反倒陷入沈思：在這個網路足跡無所遁形的時代，有時不免讚嘆最懂你心的莫過於ＡＩ，現在發現原來ＡＩ和人一樣，也有被自己矇騙的時候，有點像人際中對於不熟悉的某人某事妄下評論，自以為給的是標準答案，沒想到卻產生許多不太美麗的誤會。

這樣不太美麗的誤會也時常發生在職場上。在一個人的前半生，職場至少占去三分之一的時間，但由於每個人的際遇不同，也有著不同的職涯發展，因此職務的視角與人生的視角不免有些重疊，有些人會陷入以職務視角看世界的謬誤而不自知。

舉例來說，任職跨國公司董事長特助的Ａ先生，平日職務上處理的人事物都是依老闆的身分地位進行，儼然是董事長的分身，久而久之在心態行為上開始有些傲驕，對同仁及外部廠商也趾高氣昂了起來，大家因為他的職位不敢得罪，而Ａ先生也在不知不覺中過起老闆的人生。

一直到離職之後，不管做什麼事都不再順利，這時A先生才發現，自己過去的權力都是老闆給的，工作擁有的一切並不等於他的真實生活。

另一位老闆祕書B小姐的故事也頗發人深省，由於工作中接觸到的人可以說是「往來無白丁」，這些人在不同公司不僅位居要津，生活品味也不凡。而就在當祕書數年後，覺得自己的先生在工作、品味各方面都不如人，兩人因而漸行漸遠。B小姐沒發現的是，以工作視角過生活，已不自覺地在生活中挖掘了一道他人難以跨越的鴻溝。

同樣的情況也發生在年輕人身上，出社會時人人都有滿懷抱負，同儕有人在大公司找到好工作，也有人覺得小企業也不錯。剛開始的幾年還保有純真的一面，這時若沒有良師益友在身邊引導，也容易在不自覺中進入工作視角的人生觀。

這個時期由於代表人生體悟的資料庫依然空虛，最好能保持謙虛及同理心，否則行為舉止在他人眼中可能會以「自以為是」來解讀。

以中經合公司為例，創投基金是受歡迎的，但不代表在此工作的人一定受歡迎。這也是各行各業都會出現的狀況：你的工作代表的是你背後的公司，並不是你個人。年輕人如果沒有這層領悟，僅在同溫層中互相取暖，有如井底之蛙，所視所見僅是頭上的一小片天空，豈不可惜。

再次打開我新申請的影音平台帳號，了解到平台需要更多資訊來熟悉用戶，於是重新調整搜尋資料，將以往喜愛觀看的全球各類型影音訊息輸入，讓它的資料庫更正確客觀。

同樣地，在省思職務與人生視角之餘，希望持續給予年輕人及新創業者更多的建議，相信假以時日他們也能建立起深入淺出的資料庫，不論是在工作中或人生角色的扮演各方面，都能以自己的職位為榮，同時也尊重別人的職位。

AI
IDEA
CREATIVE

每個人都可以找到自己的舞台

美聲男孩林育群不斷地挑戰自己，一步一腳印，建構起屬於自己的舞台；阿美族藝術家優席夫失意時沒有退卻，勇敢跨出舒適圈，是首位受到國際肯定的原住民畫家。

「行行出狀元」，但因為環境、資質不同，有些人的才華一眼就被看見，很快就站上舞台；有些人則需經過一番寒徹骨，才能開出珍貴的生命之花。

去年耶誕夜，應朋友之邀去聽了一場小胖林育群的演唱會，美聲令人陶醉之餘，他侃侃談來自己的人生故事，那是攀爬過一座又一座高山之後的實證良言。這時我想起另一位原住民畫家優席夫白幽谷奮進的歷程，兩位藝術家都經過千錘百鍊，終於找到自己的舞台，曖曖之光也能一朝明照千里。

二〇一〇年，歌唱競賽節目《超級星光大道》熱播，美聲男孩林育群一戰成名，他演唱惠妮·休斯頓〈我會永遠愛你（I Will Always Love You）〉的演唱影片被網友放上YouTube，全球觀看點閱次數直上千萬（目前已超過一億），受到全球矚目，接著成為史上第一位受邀上美國脫口秀的台灣歌手。

隨著聲名鵲起，林育群的事業開展，美聲征服中、美、韓、法、德、英、日等國，演出活動邀約不斷，歌迷遍布全球，成了台灣之光。

林育群的成功來得看似容易，其實背後經過多年、無數次歌唱比賽的磨練；外表不夠亮眼的他，不似流行音樂偶像般受粉絲追逐，欲登上華麗的演藝舞台，須具備比其他人更多的實力與毅力。

有一次林育群接到日本節目邀請扮演相撲選手，他一度打退堂鼓，但轉念一想，「不試怎麼知道？」世間有太多未知的美好值得去嘗試，若是錯過這次，也許不再有機會去了解相撲這件事。此外，在日本發展期間，他日夜苦練日語，接下來在日本節目《關8比賽中》創下最高的收視率和節目有史以來最高的得分，成為日本家喻戶曉的人氣歌手。

阿美族藝術家優席夫在成名之前也經過生命的重重考驗。十八歲懷著歌手夢到台北打拚，做過無數工作，沒想到十年的演藝工作卻因為經紀合約問題告終，他因而信心盡失，決定遠走英國愛丁堡做起油漆工人。

然而，生命的驚喜有時就在轉彎處。歐洲的藝術氛圍啟發了優席夫的繪畫天分，工作之外的時間，他不間斷地畫畫，經由繪畫療癒自己並找到另一個充滿生命能量的優席夫。

在愛丁堡國際藝術節期間，優席夫的畫作受藝術節策展人青睞，邀請他參加十人青年聯展，開啟了他的藝術生涯。

然而，為了賣畫，他找尋各種管道卻處處碰壁，直到有一家小咖啡館的老闆勉為其難地撥出五天檔期給他展出，沒想到最後作品賣出了七、八成，讓他信心倍增。接下來，優席夫經由辦展覽累積經驗，並在倫敦藝術大學舉辦的全球華人藝術比賽中拿下前十名的佳績，還被選為活動主視覺，終於打開國際知名度。

優席夫的作品以飽滿、大膽、充滿張力的畫風在國際上闖出名號，從愛丁堡國際藝術節，到紐約地鐵、桃園機場，都可見他的畫作，也是首位受到國際肯定的原住民畫家。

不斷地挑戰自己，找新戰場，美聲男孩一步一腳印地攀爬而上，建構起屬於自己的舞台；優席夫在失意時沒有退卻，勇敢地跨出舒適圈、探索世界，最後發現「自己才是真正帶給自己力量的人。」

每個人都可以找到自己的舞台。兩位藝術家成功的心路歷程，以及勇於挑戰自己的奮鬥精神，值得我們省思。

「行行出狀元」是父母長輩勉勵孩子的話，但因為環境、資質不同，有些人的才華一眼就能被看出，在多方助力之下，很快就站上舞台、盡情揮灑；有些人則需經過一番寒徹骨，才能開出珍貴的生命之花，但也因此演繹出造物主更深的意涵。

從企業「幸福長」談幸福的真諦

「幸福長」一詞備受社會各界討論，被詢問如何為員工創造幸福時，不禁要問：何謂幸福的真諦？公司是追求幸福的場域嗎？公司有責任或有能力提供員工幸福嗎？

人生的旅途中，職場生涯占了非常重要的份量，企業管理者可以思考的是，如何了解幸福的真諦並因應時代的新意與需求，如何為員工的幸福加分？

近年來，美國尖牙企業獲利大爆發，各領風騷的主因在於與時俱進的創新，而創新來自於優秀的員工，這些企業對員工薪資、福利的付出不手軟，傳為經營佳話；二〇一九年，樂天共同創辦人小林正忠更是宣布自己的職務變更為「幸福長」，許多企業進而跟進，儼然成為管理顯學。

最近，新創圈內也開始在談論「幸福長」的議題。然而，考量到不同型態、規模的公司資源不盡相同，加上「幸福」乃存乎一心，若僅是有樣學樣，恐怕是「知其然而不知其所以然。」

事實上，「幸福」屬於心靈層次，跟個人的內心、哲學、自我感覺都有關聯，而隨著個人在其生命旅程的不同階段，也對之有不同的解讀。因為需求不斷地在變動，如何滿足就無從下定論了。

因此，當一再地被詢問到如何為員工創造幸福時，不禁要問：公司是個追求個人幸福的場域嗎？公司有責任或有能力提供幸福嗎？答案或許莫衷一是，但公司可以思考的是，怎麼做可以為員工的幸福加分？

首先，要了解人性是複雜多變的，一輩子生活在職場、朋友及親戚家人三個象限中，這三個象限在不同的人生階段，會有不同的比重，再經由與時間軸的互相交織、影響而產生當下的感受；喜怒哀樂、酸甜苦辣，都是人生的一部分，追求適合自己的平衡，才能感受到真正的幸福。

其次，幸福包括物質層面與精神層面，並不是設立專職幸福長，經由辦活動或是豪華招待員工就能完全涵蓋。因為優渥的薪資、傲人的福利屬於物質層面的滿足，或許在得到同儕的欣羨眼光時，產生短暫的優越感，卻不一定等同於幸福。

較之薪資、福利，能讓人才更有感的是尊重、信任，以及共享的成就感，也就是精神層面的幸福。由這個角度來看，新創公司依然有條件提供幸福感，每一個創業者都可以同時擔任「幸福長」。

工作是人生幸福三角環中非常重要的一支腳，雖然新創公司在草創期資源不足時，不能也不應該打包票扛起員工幸福的責任，但新創領導人應該了解時代趨勢的重要性，把它放在心上，並促成此機制的發生。

作法上，第一步是用心建立起一個彼此尊重、信任的職場環境，接下來就是打造優質的企業文化，那麼隨著公司一天天成長茁壯，便能在進入成長期時與員工共享成就，創造幸福。

值得注意的是，幸福需要一點一滴累積，創業也是從微小之處開始，良好的企業文化更是由上行下效而來。

新創公司由初創期就要用心塑造一個好的團隊精神及企業文化，待公司進入成長期、擴充期或是成熟期，公司人員的組成不斷變動，其間人才對幸福感的追求、要求即使有個別差異，但在團隊共榮的良性循環下，整體的幸福感不會因為人員流動而消失。

因此，只要領導人不忘為人才幸福努力的初衷，了解到創業成功不是自己的天縱英明，而是來自夥伴的齊力打拚，員工也會受其感召，能以正面積極的角度看待任務，由工作中獲取巨大成就感，下了班也能安定、安心地跟家人、朋友相處，人生進入良性循環，幸福的心情便能由然而生。

如此一來，「幸福長」只是一個概念，領導人心存此一概念並促成幸福機制，引導員工把工作做好、將生活過好，是最實惠、最有效的幸福方程式。

權力的進階思維

真正的權力是來自那群被你帶領的人，他們願意接受你的領導，而非你的命令或頭銜。你有能力協助他們解決問題、精進技能，進而提升生活的品質及生命的價值，因而信服你並願意服從你的領導。

權力的進階思維——不是你累積多少權力，或是別人認為你多麼有權力，而是因為你能善用本身的權力為別人做些什麼。

近幾年，與兒女或是年輕人時常聊到與職場相關的話題，當他們晉升至主管位階時，時常會糾結於下屬叫不動、陽奉陰違等問題；位階更高的專業經理人或是空降領導人，往往會渴望更多權力來展現能力，卻不能如願。諸如此類的權力流動問題，顯然有很多「眉角」，值得細細觀察。

《老子》有云：「知人者智，自知者明；勝人者有力，自勝者強。」意謂能夠了解他人是有智慧的，但能夠認識自己則更是高明；能夠戰勝別人算是有力量，但能夠戰勝自己才稱得上剛強。

運用在職場上，老子對於人我之間的看法是具層次的思維，有知人的智慧、勝人的能力，須知曉自己的能耐並能與時俱進，不斷超越昨日的自己。

史丹佛大學商學院講座教授葛倫費德在其著作《懂權力，在每個角色都發光》（天下雜誌出版）一書中也指出：「權力是伴隨我們所扮演的角色而來……要把任何工作做好，要成為自己想成為的那種人，要有效運用權力（無論你是否覺得自己握有權力），你都必須跳脫自己的戲碼，學會如何在別人的故事中演好自己的角色。」

因此，權力是流動的，端視你扮演的角色而定義。

作為一個主管在行使自己的權力時，不論是對上或是對下，都可能遇上相對應的抗衡。就企業的角度來看，這種抗衡可視為對組織的保護措施，不同單位既合作又能彼此提醒，讓組織不偏頗地運行，確保公司的利益。這時，經由彼此理解與充分地溝通，自然能找到最佳解決方案。

在驗證自己過去職場生涯的體驗，領悟到人們對權力存在焦慮與恐懼，然而了解權力的來源及運作的內容之後，會發現其中的謬誤。

首先，權力有形於外的部分，也有內化的部分，其次則是善用權力可以協助他人，也能完成自己的使命。

工作上的權力來源是職位賦予的，屬形之於外的權力，行使權力也應伴隨相應的責任，而當職位轉換，權力隨之流動是自然現象，無須糾結。

雖然對權力的渴求可以驅使個人追求更高的職位，但高職位並無法保障自己的權力，得看老闆願不願意給予。很多學經歷一流的人，在取得職位後都要求——給我權力才能做什麼；若沒有做出成績，就以老闆不給權，下面的人不真心接受領導等理由來推拖。

事實上，權力只會在老闆手中，公司需要你完成某些任務，才會有你；真正實在的權力應該來自你的價值，當團隊願意被你領導，真心尊重你，願意朝共同目標邁進時，你的權力就會漸漸增加。而日益精進的實力，是老闆無法給你、外人拿不走，能夠厚積薄發的內化權力，也是老子說的「自知者明」、「自勝者強」。

台達電董事長海英俊就是一個專業經理人的典範，他在創辦人鄭崇華授權下，發揮專業及長才，帶領台達電創下高峰，能成功運作是來自執行力，以及被尊重的地位。現在第二代接班人鄭平擔任執行長，海英俊則作為業師在旁輔佐，傳為佳話。

葛倫費德在書中也點出：「你是否成功、你有多大影響力和對生活滿意與否，不是因為你能累積多少權力，或是別人認為你多麼有權力，而是因為你能善用本身的權力為別人做些什麼。」

由此可見，權力的進階思維是利他，有如一個迴力鏢，丟出善的力量，最終也將回歸到自己身上，反之亦然；相較於職位、名位、老闆指派而來的權力，能協助他人解決困難，共同完成公司交辦的任務，或是作為心靈導師為身邊人解惑，才是更能帶來成就感、利人又利己的內化權力。

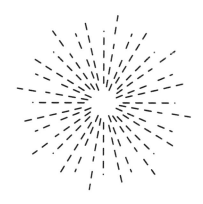

退休 ing？
退休也可以是進行式

「財務自由、提早退休」是許多青年掛在嘴邊的目標，原來工作與生活的「代溝」不僅發生在上下兩代之間，公司在經營管理上也必須體認「退休」這件事對年輕世代的新解——生活與工作的平衡。公司經營者與員工都應細細思考、互相磨合，才能創造雙贏。

退休不是人生的終極目標，而是個進行式的生活過程。

牛年歲末，女兒的幾個朋友到家裡聚會，無意中聽到年輕人談起早退休的話題，這群進入職場才六、七年的職場新生代，言語間對於不用工作的退休生活充滿美好的憧憬。

作為屆齡退休之年的長輩，聽完孩子們的退休「夢想」後，我發現，工作與生活的「代溝」不僅發生在上下兩代之間，從企業營運的角度觀察，更存在企業主與員工的認知上。因此，新世代的經營者與員工雙方，都應該細細思考，互相磨合，才能創造雙贏的結果。

以往人們常常拿四季比喻人生，謹遵春耕、夏耘、秋收、冬藏的秩序，在揮汗工作大半輩子之後，迎來隨心所欲的退休生活。這時才能開始追求在工作時期念念不忘的興趣或夢想，譬如繪畫、音樂、工藝，還是經營民宿、手沖咖啡館，更有不少人全心投入社會關懷的各種公益活動。

對照當今職場新生代想像中的退休生活，不論是挑戰體能極限、騎重機或是上山下海各項活動，每一樣可都是體力活，並不都適合在退休之後才做。尤其是，這些年輕人想做的夢想美事，往往需要充足的財務支持，並不是他們眼前能做的選項，他們提早談論退休話題，應該是對「生活與工作平衡」的一種嚮往。

人生就是一連串因與果的連動關係。年輕人想要自由自在，卻需要打卡上班，這個因不會得到渴望的果。換個角度，及早建立生活與工作平衡的人生，上班就不會如此難受。若能進一步在職場得到成就感，為工作付出也變得甘之如飴。答案是「自我實現」。

許多年少的社會新鮮人，踏入職場時都滿腔熱血，對職涯懷抱無數的夢想，不斷地在工作上日夜打拚，這股為企業貢獻所學，也為自己將來圓夢的精神力量，對個人很寶貴，也值得企業主事者珍惜。

心理學大師馬斯洛在其需求層次理論的研究中發現，每個人都有自我實現的需求，而一個心理健康的人對生命感到滿意，較能發揮潛能又具有創造力。

一個對自己、他人及環境都抱著喜歡及接納的態度的人，較不會陷入提不起熱情，或渴望離開繁瑣、惱人事件的焦慮與恐懼中。

在高速的網路世代，全球職場工作價值已發生巨大變革，年輕人對工作與生活都有自我實現的追求，企業經營者必須加以正視。

公司在經營管理上須體認「退休」這件事對年輕世代的新解，即生活與工作的平衡，主事者不妨重新檢視公司的人事結構，經由深入與員工溝通交流，了解員工對自我實現的需求，並進一步鼓勵他們在承諾應接公司營業目標的同時，也可以進行個人的理想人生方程式。

如此一來，「退休」不再是人生的終極目標，而是個進行式的生活過程。事實上，不墨守成規的工作者，往往能夠在關鍵時刻帶著創見，突破瓶頸。現今包括Google，蘋果及華為等國際一流的企業，早已加速打造提供工作結合生活的新職場情境。

結束此話題時，也給職場新生代三個建議：首先，及早修練培養自己的價值能力，勇敢地表達自己、跟公司交涉，讓公司的利益、理想、目標跟你個人的利益理想目標達到良好交集。其次，改變自己的人生態度，成為一個對平凡事物不覺厭煩，對日常生活永感新鮮的工作者。

第三，須及早規劃個人財務架構，包括儲蓄及適當投資的能力。唯有經濟上有足夠的實力，才能有自由調配安排自己工作、生活平衡式退休節奏及程度。畢竟，沒有財富上的自由自在，一切夢想都只是夢想而已。

一招三式建構柔韌的心
應對變動的世界

面對變動的世界，最根本的態度或應對之「道」為何？試著打造一顆柔韌的心！而此柔韌的心可用一招三式來建構——「養成紀律」、「勇於求救」以及「適時暫停」。

用柔韌的心面對世界，讓挫折成為一個祝福，從失敗中學習經驗，更灑脫地面對人生的旅程。一旦眼界放寬，相信事業格局也會隨之提升。

最近的一個餐敘中，幾位青年創業者談起創業的旅程，其間的回憶與挑戰依然點滴在心，追求願景的行動也不曾稍歇。然而，這些年輕人隨著事業進入成長擴充期，面對的不再是生存的問題，而是更廣的人生議題，席間紛紛問起面對變動的世界，最根本的態度為何？

作為一個職場前輩，深知由篳路藍縷走到柳暗花明已是不易，未來的挑戰也不會少。但相較征戰時期的殺伐決斷，在公司面臨轉骨的此時，我會建議經營者修心，追求層面由「術」進階到「道」，以帶領公司更上一層樓。

這些優秀的創業者在創業領域中各具專業，有足夠的智商處理事情，公司才能在市場競爭中脫穎而出。然而，越是有成就、學識豐富的人愈可能自信過了頭，少了一點情商及面對逆境時的正確態度。

林則徐在《十無益》中說，「心高氣傲，博學無益」。顯然，學富五車的人很多，心靈素質的茁壯才能達到融會貫通、洞悉全局的境界。

回到根本的態度，我的回答是：打造一顆柔韌的心，而此柔韌的心可用一招三式來建構。這「一招」是特斯拉創辦人伊隆・馬斯克曾在採訪中提到的「第一性原理」；「三式」則是來自幾本書的閱讀體悟，分別是「養成紀律」、「勇於求救」以及「適時暫停」。

「第一性原理」指出，「每個系統中存在一個最基本的命題，它不能被違背或刪除。」這是古希臘哲學家亞里士多德提出的一個觀點，很適合日理萬機的經營者學習的思考方式。

當物理遇上哲學，悟出的道理是「勇於放下才能不斷超越。」先拋開既知的一切，以物理學的角度看待問題，再經由層層拆解推演之後，找到其中無法改變的本質，接下來從最核心處開始推演，過程重邏輯、少估計，若出發點和邏輯關係都沒有問題，推演出來的結果便具有巨大價值，也是創新的源頭。

對很多人來說，「第一性原理」是一個知易行難的過程，也是修心很重要的一環。畢竟有的人一眼便能看透事物本質，也有人一輩子都看不清。這和古代聖賢的「天下觀」有著異曲同工之妙。

因此，過去理解的「緊跟千變萬化的時勢走」不一定是對的，若盯著一個點便無暇回歸根本，這時往往會被環境牽著鼻子走。但事實是，局勢如何變化，其背後依然有著不變的基礎，若能先看透現象和問題背後的最初邏輯並重新推演分析，便能抽絲剝繭、解開謎題，進而創造全新價值。

「第一性原理」是能夠創造價值的思考方式，可以說是走天下的大招，需要豐富的知識儲備及生活經驗的積累。其中知識的儲備來自閱讀習慣，也是給青年創業者的參考「三式」。

第一式，養成紀律。《恆久卓越的修煉》一書作者柯林斯分析，今天的大企業，也都曾是小新創，卓越的根基愈早奠定，愈可能具備挺過危機、翻轉頹勢的能耐。每個公司都有自己的文化，但偉大的公司都有一個相同的要素，就是重紀律。因此，養成紀律的態度，對公司經營或個人行為管理都有其關鍵影響。

第二式，**勇敢求救**。其實在創業旅程中，時時需面對來自公司、職場、家人及朋友的各種當事者覺得「不足為外人道」的壓力。

但最近看了療癒系繪本《男孩、鼴鼠、狐狸與馬》之後，有了不同的想法。建立家人朋友互助團體一起行走江湖，有助學會理解他人、善待自己，遇到問題勇敢求救才能得到應援，即使「一路上的荒野很嚇人，卻也萬分美麗」。

第三式，**適時暫停**。人生免不了遇上難關，這時不必逃避，更不需自責，不妨適時按下暫停鍵，重新審視現狀與突破方法。

《像冠軍一樣思考》一書中就提到頂級運動員和一般人一樣，面臨困境也會感到懷疑和恐懼，但最後卻能成為勝利的一方。作者比爾解析勝者如何改變現狀的選擇和思維。

讓挫折成為一個祝福，由失敗中學習到的經驗，也有助更灑脫地面對人生的旅程。

曹雪芹在《紅樓夢》中有句話說：「世事洞明皆學問，人情練達即文章。」走過求生階段的青年創業者，在充滿自信之際若能保有謙虛，在下功夫磨練學問的歲月中，堆疊出理性與感性兼具的人格，以一招三式所建構的柔韌心面對世界，一旦眼界放寬，相信事業格局也會隨之提升。

自由工作者（Freelancer）是美夢？還是惡夢的開始？

面對日復一日的工作倍感疲倦，許多年輕世代在職場工作幾年後，萌生自立門戶、轉當自由工作者（Freelancer）的想法，儼然成為這個時代很「潮」的轉職選項。

適不適合做一名自由工作者？要回歸原點，探討初心，事前做好分析與準備，而不是隨波逐流，或是懷著不切實際的浪漫情懷。

科技進步，產業鏈壓縮，每個人都可以是一個創造者、提供者，企業發現人才愈來愈難找，因為人才不只被競爭對手獵走，也可以自營品牌，成為一名自由工作者（Freelancer），跳脫框架，重新定義自己。

「零工經濟」是一個熱門詞彙，企業組織提供短期職位或專案給獨立工作者，雙方簽訂合約並執行協議好的工作內容，過去多以演員、作家、記者等自由職業為主，如今其範疇已遍及各行各業，只要擁有專案所需技能，便有機會接案運營。

根據萬士達卡在二〇二〇年發表的調查報告顯示，全球自由工作人口在二〇一八有七億七千萬人，到二〇二三年將成長至九億一千五百萬人；知名接案平台 Upwork 也指出，在美國，有三成的勞動人口放棄正職，投入自由工作的行列。

作為傳統工作者，個人原本對此統計數字沒有太多想法，一直到身邊有幾位三十多歲的年輕人，在職場學習幾年後，陸續有了想當自創者的想法，才發現自由工作對年輕世代的吸引力不小，儼然成為很「潮」的轉職選項。

所謂「自由工作」，主要有二個意義，其一是接案者直接服務客戶而非服務老闆。其二，雙方是平等互惠的合約關係，彼此沒有從屬或是僱佣關係。自由工作可說是某種程度的微創業，接案者既是老闆，也是員工，優點是能掌握自己的生活，工作內容、上班時間都由自己決定。但凡事都有其一體兩面，拿捏不當則優點也會變成缺點。

一般而言，上班族不用承擔公司的成敗責任，也不用篩選工作項目。但作為一名獨立工作者，對於企業經營的「產銷人發財資」六管，全部都要懂，畢竟自己就是品牌，即使只有一人，這些工作只能簡化，卻不會完全消失。

問題的核心還在於「你適不適合做一名自由工作者？」這是一個關乎人生的選擇，而不是隨波逐流，或是懷著不切實際的浪漫情懷。

首先，回歸原點，探討初心。為何有此念頭？想得到什麼？成為一名自由工作者是對自己的挑戰，也可以當成是另一種形式的自我探索及成長，這個起心動念通常有個理由，不能只是一時衝動，應該有驅動自己前進的初衷。

因此，不論是為了開啟更多自我、擁有更多時間、完成特定願景，或是為了賺更多錢，目標要先定清楚。不然，幾年後若發現與原來想像的不一樣，理想變質了，難免會感到遺憾。

其次，軟硬兼具，擴增人脈。現今職場流行「斜槓」，多重技術、職能、身分的人被認為較具競爭力，這些都是「硬技術」，可以用來謀生、擴展職業領域；「軟技能」則包括良好的人際關係、靈活的應對能力與足夠的說服力等。

自由工作者除了擁有能被客戶肯定的硬技術，讓自己有生意做，更須經營自己成為一個品牌的「軟技能」，而經營自己在數位時代有許多管道，知名的《六度分隔理論》指出，只要透過六個人就能與天涯海角的陌生人取得連結，很值得自由工作者作為打造與整合社群生態系統的參考。

第三，自我管理，有為有守。夢想需要經過現實洗滌，爭取自由也要付出代價。在沒有職務代班人的情況下，時間管理由被動到主動，競爭力則來自良好的自我管理與更進一步為客戶設想的態度。當這一切整備完成後，能夠自信從容地往目標邁進，才不會在倉皇中背離初心。

儘管有人形容辭去正職成為一名自由工作者有如「背水一戰」，但人生就是一場又一場的戰役，俗話說「不是得到就是學到」，任何能勇敢面對自己的渴望，又能在過程中盡情享受的決定，都有其意義。

年輕世代想追求一個想要的生活，給自己一段時間去印證，經由不同面向的嘗試、探索之後，也許能開創屬於自己的桃花源；若沒有找到桃花源，在尋路的過程中，自當練就一身解決問題的本領，亦體會一下杜甫「會當凌絕頂，一覽眾山小」的詩意。

Grace 史丹佛大學的驚喜之旅

Grace 畢業後進入社會工作一段時間，決定再回到校園重拾書本，所獲得的成長、突破，令人感到讚嘆。

進入社會工作前的教育，常常只是填鴨功課，不知學習為何？經過年紀的增長及職場工作的歷練後，再去國外進修，得的不只是知識技能的成長，還有心靈、心智的充實及視野的拓展，為人生增添智慧及動能。

教育可以是什麼樣貌？《禮記．大學篇》云：「大學之道，在明明德，在親民，在止於至善。」其中「親民」，宋朝朱熹進一步解為「新民」，旨在棄舊圖新，「止於至善」則有學無止境之意，此與今日海內外高等教育名校推動的「全人教育」有異曲同工之妙，皆是提升內在品質、發揮潛能，進而貢獻社會的教育觀。

在輔導新創公司的二十多年來，遇過不少年輕朋友在創業、工作告一段落時，會選擇再進修，一方面追求專業的更深入，另一方面也在重新學習驗證的過程中，更精確地解讀自我，進而再次評估過往經驗的價值，並確立未來發展的方向。

Grace 取得美國史丹佛大學ＭＢＡ的過程，就是一個令人印象深刻的案例。

大學主修行銷與營運決策的 Grace，在社會企業風起雲湧的那些年熱情投入其中，曾任職於日本社會企業 Motherhouse，也是「社企流」共同創辦人之一，結婚後隨先生赴美，因而有了再進修計畫。

大部分負笈海外的留學生，通常有一個學習的初衷，接下來著手計劃、執行，這些環節都有標準程序可遵循，最重要的是選校。這個階段一定要知道自己要什麼，有人進修的目標是增加「硬實力」，比如職涯規畫中需要的學位、技能、人脈等；有人進修是為了增加自己的「軟實力」，也就是可以實際應用在人生和人際互動中的能力。

Grace 在一度創業後赴美，她清楚知道自己要培養的是軟實力，學習新的管理方法並提升自我層次，在比較申請到的學校特色之後，選擇史丹佛大學，期待未來可以成為社會創新的種子，對台灣有所貢獻。

然而，入學才是考驗的開始。Grace 和大部分留學生一樣，無論在學業還是人際生活上，都經歷了一段低潮、挫折的時期。語言的隔閡讓學習吃力，工作資歷在來自全球的同學中並不顯眼，尤其台灣的教育環境，學生往往「被正確答案所綁架」，少了一點勇敢表達自我的創新思維。入學的第一個學期，Grace 的自我認同和價值感都受到了很大的動搖。

經歷自我衝擊，才能成長及領悟。在學姐的提醒下，Grace 發現，那些看似比自己優秀的同學，其實都有不適應、努力、忍耐的一面，就像鴨子划水，需要在水下奮力前進，才能夠在水面上保持從容。

當心態改變，處境也跟著轉變。Grace 的學習進入正向軌道，在一個探討對社會有所幫助的專題中，她走訪肯亞鄉村，經歷了事前的設定與事實背道而馳的意外，她不僅學習到擁有資訊仍需謙卑以對，更在重新制定計畫應變中，展現自己較同儕突出的優勢及潛能。原來，「想像的恐懼，往往比實際的要大得多。」她重新肯定了自己，也感受到為自己而學習的快樂。

Grace 覺得她的史丹佛之旅收穫驚喜、遠遠超過她的期待及想像，可以說是脫胎換骨、提升到另一個境界，對未來的人生大有助益。

所謂「十年樹木，百年樹人」，教育對人、對社會的影響很大，因應新經濟時代以及台灣未來的成長，我們應該好好思考教育的終極目標，以應對變化多端的世界，推動人類社會進步。

看到Grace進入社會工作一段時間後，去國外再進修，收穫的不只是知識技能的成長，還有心靈、心智的充實及視野的拓展，一路成長，為自己人生增添智慧及動能，深感欣慰。

培植生命經濟思維
建立新人生態度

科技、經濟的蓬勃發展下，人類享受無數便捷與文明，但也付出許多慘痛代價，肆虐全球的疫情、種種災難讓人類更強烈意識到改變的必要性。

培植反求諸己、向內觀照、克制一己私慾的「生命經濟」思維，建立新人生態度，以啓動心靈環保，回應現代社會所面臨的諸多問題。因為環境問題，源自於人心的造作。

在蓬勃的經濟發展下，人類享受無數便捷與文明，但也為此付出許多慘痛代價，切身之痛莫過於大自然猛力反撲，全世界面臨愈來愈多「黑天鵝」，像是全球暖化、環境汙染等，兩年多來肆虐全球的COVID-19（新冠病毒）亦被公認為源於人類對環境的肆意破壞所致，加上氣候暖化讓病毒更多樣、具致命性，種種災難讓人類更強烈意識到改變的必要性。

今年（二〇二二）七月，我參加了法鼓山所舉辦的「心靈環保論壇」，該論壇長期致力於推廣聖嚴法師的「心靈環保」理念，並回應現代社會所面臨的諸多問題，進而追求「人間淨土」的理想。

其實早在一九九二年，聖嚴法師即針對環保意識與相關作法的反省，提出「心靈環保」的觀念。即便哲人已逝，但心靈環保的觀念歷久彌新，因為環境問題源於「人心」的造作，若要從根本解決問題，當然不是改變表象即可，而是始於人的造作。

今年的論壇中，法鼓山的法師進一步提到，人類應當從「死亡經濟」走向「生命經濟」，是值得人類深省的議題，於我而言也是感觸良多。

何謂「死亡經濟」？人類在號稱征服自然、改造社會的企圖心下，致力於與上天、與別人爭，卻在爭個不停之際，助長了物欲及消費主義，更忽略了這種不斷向外攀緣、與外界爭奪的念頭，其實只不過是無明的妄想，源於心靈方面的匱乏，也帶來了死亡經濟。

「生命經濟」則與死亡經濟截然相反，可謂破除死亡經濟的不二解方。如今全球面對氣候異常、環境汙染、資源浪費等危機，「死亡經濟」顯然是不合時宜的，更明確地說「死亡經濟」背後人類複雜的慾望，正是地球的病根。「生命經濟」強調的是：唯有調整內心的價值觀、克制一己私慾，運用心靈環保的觀念來反求諸己、向內觀照，方能突破死亡經濟，在自然環境與社會經濟發展間取得平衡，共創人類與自然最大長期利益，進而推動社會向上提升。

可喜的是，近年來我們也能看到周遭愈來愈多「生命經濟」的具體展現措施。

舉例來說，有別於以往投資人在評估一家企業是否有投資價值時，僅會檢視營收、獲利、毛利率等財務數據，如今與經營績效無直接關聯的「非財務因子」ESG（環境保護、社會責任與公司治理）相關項目，像是企業的利害關係人權益、員工培訓機制及勞動條件、能源使用效率、供應鏈廠商生產線對環境的衝擊等，皆為檢視企業能否永續經營、重要性不下於財務數據的標準。

此外，國內積極透過各項立法措施來達到聯合國氣候變遷大會「二〇五〇年溫室氣體淨零排放」的目標，國發會今年三月底提出「台灣二〇五〇淨零路徑圖」，並提出至二〇三〇年高達九千億元支持淨零轉型計畫的預算。

上述的轉變，對總體經濟、個別產業乃至於一般人的生活，皆產生巨大衝擊，不過均呼應法鼓山不遺餘力鼓吹的觀念：在全球暖化造成的氣候變遷動盪下，人類應該以

「心靈環保」四種主軸的環保來進行全面性的思考，包括「感恩大地，愛惜自然」、「少欲知足，勤勞儉樸」、「和敬共存，躬自實踐」，以及最重要的「智慧處事、慈悲帶人」。

佛曰：「萬法唯心造，諸相由心生。」《維摩經》亦道：「心淨國土淨。」細究這些主軸後，可以理解的是：欲透過日新月異的科技來達成「人間淨土」的理想，只能治標，無法治本，或者也能說，節能減碳的手段是治標，心靈環保的正念才能治本，終歸還是得從人心的轉化開始。

而且，「成、住、壞、空」是三千大千世界的法則，以佛法的角度來看的話，氣候變遷亦為地球變幻、世間無常的自然過程，我們必須接受這種無常的「新常態」，並透過落實心靈環保的方式，在全球動盪而無常的環境中，以不變應萬變，才能尋得心靈的寧靜和安定。

回歸到落實外在環保的話，心靈環保也一樣重要。佛法一向強調護生惜福、平等對待、共榮共存，一次又一次的天災與瘟疫已證明，人類與自然是一體的，唯有地球健康、環境永續，我們才有可能平安。如何讓我們及子孫長保好山、好水、好未來？單純改變外在的行為已不夠，唯有由內而外澈底蛻變，更重視心靈環保及內在教育，地球才能永續保有希望。時值後疫情時代，我們能擺脫「死亡經濟」的陰霾，培植全新的「生命經濟」榮景。

要蘋果給橘子的向上管理學

身為受薪階級，難免都會面臨主管丟出難題的情況，但上司永遠是對的嗎？向上管理該怎麼做，才能安全下莊？

「要蘋果給橘子」建議在接下任務後先嘗試努力執行，發掘其中問題及阻礙後，提出對策，交出更多「橘子」、「香蕉」、甚至「西瓜」其他替代方案。這是職場上人人都得學會的「向上管理學」。

投身職場多年以來，看過各種老闆也管理過許多員工，無論是向上管理或是對下領導的觀察與經驗，都領悟出一套行走江湖的武功祕笈。

身為主管，什麼樣的部屬最讓我們頭痛呢？無非是不聽指揮、自以為是以及遇事總是推托、意見多不做事的員工；反之，多年來作為部屬的身分，卻也發現只要願意盡力完成交辦任務，即便成果未能百分之百達標，卻也能得到老闆的認同，長久下來，也讓老闆願意逐漸信任、授權，並聆聽建議而調整任務的目標。

身為受薪階級，無論職位有多高，都難免會面臨上司丟出的挑戰。面對老闆或主管的要求，是否經常感到疑惑不解又窒礙難行呢？此時，該如何應對才能安全下莊呢？

當上司交代下來一個任務，就像是要我們產出一顆蘋果，此時作為下屬的務必要先接納、接受，表示出願意努力嘗試的態度，然後盡全力去執行。縱使在接到指令任務時有所疑慮，無論是覺得不合理、不可行，或覺得自己怎麼也無法勝任，建議都先虛心接納，執行後就算發掘其中的問題、阻礙，都能在分析之後盡力做出對策，然後於期限前交卷給上司。

如果順利、運氣好的話，也許一次就能完成交付的目標；但如果成果不盡如意，也至少交了卷，這就像是為上司送上了一顆橘子。之所以說是橘子，因為它並不完全符合上司要求的蘋果，但因為一開始就先認同了交辦的指示，並且也努力、盡力去處理，因此交卷之後上司也會認定這份認真執行的精神，雖然沒有交出原本期待的蘋果，但也好歹交出了一個橘子，它仍是水果呀！

這套向上管理學，並不是教人偷懶或者找藉口推託；相反地，是想要正面地提醒所有的上班族，當主管指派任務時，千萬不要第一時間馬上否定、拒絕或直接找藉口，而是先主動表達願意受教以及勇於承擔責任的態度，然後面對這個指令認真去嘗試完成，唯有真正投入嘗試、跳下去做，才能真正知道是否可行、或者問題的阻礙究竟是什麼。

而歷經了這個過程，再經過分析整理，做出了適當的相應結果，上司也一定會感受到你跟他站在同一陣線，也會欣慰並賞識你最後努力的產出；也許這不是上司預期的結果，不是他原本所想要的蘋果，但至少你也交出了另一種水果，只是它叫做橘子罷了！

上司永遠是對的嗎？其實未必，他們所交辦的也經常是不可能的任務或是不清不楚的模糊指令，但之所以把這個工作交給你，就表示他們需要一個可行的解法，即使有再多的不可能，總會有人能找到出路，而公司就是需要這樣的人才來解決問題。

這個時候，最好停止負面的抱怨，更要避免直接了當地表達「不可能、做不到」，而要學著感受主管的需求，站在對方的視角去思考，表達自己願意嘗試、學習並跟隨領導做出貢獻以達成組織目標。這並不是表面敷衍、巴結奉承的諂媚，而是建立與主管之間的良性關係跟默契，以一種勇於當責並信守承諾的態度，讓主管願意信任並委以大任。如此一來，不但在主管交付任務的當下可以提升雙方的工作士氣，在職場上建立起正向的人際溝通跟回報機制，也才會讓主管看見自己的職場價值。

即使再質疑上司不合理的指令，也應該先調整自己的工作順序跟溝通方式，在接下任務後先嘗試努力過，再以條理清晰的觀點解釋之所以無法獲得「蘋果」的理由，同時提出其他有同樣效益的替代解決方案，交出更多「橘子」、「香蕉」、甚至「西瓜」等等。

如此「要五毛、給一塊」的回報，或許還能為主管帶來超越期待的解決方案，相信這樣的專業表現也能夠獲得主管的尊重和認可。而你所建立起的信賴感跟不可取代性，也將為你帶來更高的評價與升遷機會，持續拓展未來的事業格局，並為自己的職涯開啟更大的表現舞台。

這就像是《羅輯思維》作者羅振宇曾說，什麼樣的人才最可靠呢？就看以下三點：「凡事有交代，件件有著落，事事有回音。」在職場上，我們都希望自己成為被喜歡、被賞識的部屬，而在那之前，我們得先懂得向上管理的職場生存之道，培養與上司之間的良好互動關係，也展現願意承擔責任的可信任感跟專業度，替公司帶來正向的貢獻。

不管最後交出的是蘋果還是橘子，坦然當責、盡力嘗試、積極回報，這便是在職場上人人都得學會的「向上管理學」！

專案的企畫　猶如炒一盤「客家小炒」

友人苦惱著一項策略性投資案的企畫，在品嚐客家傳統料理「客家小炒」之際，心中有感而發。

專案企畫主事者要有成本節流、時間管控的概念，在有限時間、資源內，交付特定產出，就如同廚師必須依據現況（食材資源）與目標（菜餚風味等）不斷測試口感及調整，最後能端出一盤色香味俱全的佳餚。

客家小炒是一道台灣經典料理，更是客家人傳統家常菜之一；而一個專案的企畫，從腦子裡天馬行空的想像，落實成為實際可行的方案，就好比主廚費心烹煮佳餚的過程，從構思的配料炒香、挑選食材、烹煮火候，經過不斷測試口感及調整，最後方能端出一盤色香味俱全的客家小炒，其步驟缺一不可；唯有抓住這個些關鍵點，才能讓專案企畫的內容更具說服力。

時間回到年前的某一晚上，我與一群新創公司創業家聚餐，看見熟悉的好友帶著精疲力盡的身軀、憂愁的面容前來，一問才知道原來他正在苦惱著即將要展開一項策略性投資案的企畫。此時餐廳人員端上了這道我最愛的「客家小炒」，在張口享用之際，心中不禁有感而發，如同眼前這道佳餚，企業主事者該如何規劃一個能擄獲人心、滿足饕客的專案企畫。

從料理借鏡的專案企畫

客家小炒是中國傳統客家菜餚「四爩四炒」之一，亦是台灣十分受歡迎的客家菜餚，傳統上使用的食材有五花肉、豆乾、魷魚、芫荽、芹菜、蔥、醬油，而演變至現今仍亦有人喜愛加入蝦皮、紅辣椒、綠辣椒、蔥段等提味，各自發展獨特的風味，風味各具優勢。

從發源來看客家小炒其來源有數種說法，最廣為人知的就是：「早年先民拓墾不易，故逢年過節必備三牲，酬謝土地公的庇佑。當時因為在華南山地開墾的客家人活困苦，不常有雞、鴨、魚等肉類食用，只會在重要的婚喪活動才會宰殺牲畜，每當祭祀完畢，生性勤儉的客家人為了用盡牲畜每一部分，便以牲畜的不同部位製作多種菜式，搭配青蔥，炒成又鹹又辣、油亮香氣十足的重口味家庭菜餚。

從專案企畫的角度來看，就宛如廚師製作客家小炒料理的過程，首先要有成本節流、時間管控的概念，而這點正是客家小炒發源其勤儉的精神；其二，專案須符合「在有限時間、資源內，交付特定產出」，這如同客家小炒料理的精髓是以祭祀完畢的可用食材（資源），由廚師依照自己的想法去發揮，而端出一道佳餚。

執行專案的四要素：確定目地、策略分析、工作分工、時程管控

接下來在執行上，首先要先分析清楚客戶的需求、要求是什麼，此企畫案究竟要傳遞什麼訊息及提交什麼內容。以這次策略性投資案的企畫來說，經過雙方數度溝通討論，最後確定其目地是要提交出一個可執行的共同設計與發展商用系統的工程合作書。

其次是策略的考量，客戶究竟想要透過此專案達到什麼目的，以本案來說，其背後目地是想獲取技術，或是近期的一樁生意機會，或是長期的新業務開發機會，經過此分

析再決定可選擇的方案，即要提供何種資源及哪種方式進行，才是最有利的提案。

再來，就是分工與資源的配置，根據要交的主題及內容，分析、分拆要分工的項目，譬如研發、工程、行銷、財務及專利授權等，然後根據同仁專長分派指定分項負責人，並安排確定完工交卷的進度時程，而過程中要盡心協調確保同仁有充分的溝通、討論及共識的達成。

最後包含流程建立與檢視，如：各個環節企畫上的執行事項，以及事前演練等，其過程需不斷修正與調整，同時須跨區、跨部門追蹤、跟催、協調溝通，確保如期完工，在面臨潛在風險發生時，能夠及時應變。

整個專案企劃，就如同廚師必須依據現況（食材資源）與目標（菜餚風味等）進行深入的解讀，從挑選食材、整合食材、在料理過程中反覆嘗試味道，並考量品嚐人數的多少、場合等，才能端出一道美味佳餚、滿足饕客的客家小炒。

生活中處處充滿智慧，如何善用有限的資源及人力，有效規劃安排執行時程，端出一道客家小炒，細細品味廚師的手藝，同時也體認先人傳承的精神與智慧。

從 ChatGPT 風潮談「主題式提問」的強大力量

ChatGPT 是目前討論度極高的AI機器人工具，但想要靠這個工具解決疑惑，最重要的就是必須知道「如何提問」。

路是「問」出來的，生意也是！無論是商場、職場或人際關係，善用「主題式提問」懂得提問的邏輯並問對問題，透過引導、問出關鍵，能解決許多大小難題，並激盪出更多創新的想法跟靈感。

以前我們凡事都問 Google 大神，後來又有了 Siri 的出現，而現在您體驗過最新的 ChatGPT 了嗎？

ChatGPT 是目前討論度極高的 AI 機器人工具，使用者輸入問題後，它會根據問題的關鍵字搜尋大量文字來編寫答案，由於擁有豐富的資料庫所以能夠排列出不同組合的回覆。比起搜尋引擎，ChatGPT 提供了更為方便而直接的答覆，不需要使用者一一過濾繁雜的搜尋結果；比起 Siri，ChatGPT 則不只是單次性地回答問題，更像是連續性的對話，讓每則問答都更能更加深入且聚焦。

自從接觸這個引起熱烈討論的 ChatGPT 以來，就對此 AI 工具的使用場景相當有興趣，除了親身多次體驗以外，也很關心市面上對於它的觀察跟評價。由於它畢竟還是 AI 機器人，依然有其限制，當使用者的問題不夠清楚或是無法被 AI 辨識理解時，就自然得不到理想的回覆。因此想要獲得有效率、有意義又有品質的答案，又或者想要真正靠這個工具解決疑惑，最重要的就必須知道「如何提問」。

這不禁讓人聯想到，無論是商場、職場或是人際之間，懂得提問的邏輯並且問對問題，深深影響了對話的品質以及預期的效果。

回顧歷史，幾乎所有的創意思維都脫離不了提問的過程，向專家提問、向長輩提問、向經驗提問，甚至不斷地向自己提問；透過提問的過程，一步步釐清思緒、挖掘關鍵、建立關係，同時更必須先想清楚要導向什麼樣的目的，才能回推設計出正確的問題。

成功的提問不該是單向式的，而是來回的互動，藉此刺激雙方對話、共創產出新的火花。成功的提問也絕非靠一個問題就能得到答案，而更應該是一連串的「主題式提問」，在精準的時間、向重要的對象，朝著目標逐步引導、追問，直至答案水到渠成。

深信主題式提問能夠解決工作跟生活上的大小難題，自己也持續在職場上實踐著。舉個親身的經驗案例分享，幾年前馬雲先生決定投資台灣新創事業，委託蔡崇信先生於台灣尋找合適的投資團隊託管此份營運基金；當時有幸率領中經合團隊，跟蔡先生只花了四十分鐘的面談，就拿下阿里巴巴一億美金的台灣創業者基金委託管理合約；江湖一點絕，說穿了不值錢，其實靠的就是這招「主題式的提問訪談」！

一般人遇到提案、報告的挑戰，總是一股腦兒開始埋頭苦幹，花了很多時間心力卻常摸不著門道慘遭客戶或主管打槍；而中經合團隊選擇反其道而行，以這個阿里巴巴的創投基金計畫書為例，當然事前的準備工夫仍是不可少的，但不直接填寫答案，而是準備好一連串的問題，透過四十分鐘的面談時間，有計畫地逐步向蔡先生提問：

一、首先要確立此基金的投資目的或KPI是什麼，是純財務投資以賺錢報酬為目標、或是為了發揮公益影響力、抑或是協助企業成長拓展的策略性投資目的？

二、接下來是投資策略的擬定，包括欲投資的產業及項目，例如電信業、通訊業、半導體業、連鎖業？投資項目所在的地理區域，例如美國、台灣、中國、東南亞？投資項目的成熟階段，例如種子期、初創期、成長期、拓展期、成熟期？

三、然後是投資的計畫，包括準備投幾個案子、預定每個個案的投資金額、個案持股的比例、基金的項目組合（例如地理區、成熟階段、產業項目、生命期限等不同分佈）以做好風險平衡的管理？

四、最後則是投資團隊的管理機制，包括審議委員的人選、組成及運作、主要負責的團隊組成及投資經歷、團隊獎酬辦法、利益衝突的迴避、後續對被投資公司的管理運作辦法、對股東的定期進度報告辦法？

藉由這次與蔡先生的晤談，我方團隊收集並完成了規劃此委託管理的營運計畫書內容，這些充分準備的內容細節，清晰完整、條理分明，對蔡先生展示了中經合是嫻熟如何管理及營運此基金的專業團隊。另一方面，在這個面談提問的過程中，每一個問題都淋漓盡致地勾勒出業主期待跟想像的藍圖，讓業主能夠感受到團隊已做好充分準備，因此我方擬定的計畫，在業主看來就是他本人的計畫，一旦看到計畫如他所思所想，自然覺得有充分的掌控權跟信任感，所以絕對會大力支持。如此一來一往，短短四十分鐘，就獲得皆大歡喜的雙贏局面：業主滿足了期待，而我方順利完成計畫書交付。當下蔡先生就指派律師於一個月內完成顧問委託合約，因而這次便成功帶領團隊迅速拿下一億美金的委託基金管理合約。

由此可見，提問的力量超乎想像！無論是訪談客戶、前輩或是專家，以一種謙虛歸零的態度面對疑惑，以主題式的提問方法問出關鍵，當問題越精確、越深入，就表示做足了功課，也能與對方互動契合、相談甚歡，甚至激盪出更多創新的想法跟靈感。

日本著名管理學大師大前研一曾經說過：「對人生和工作而言，提問力正是最強的武器。」關於以提問的方式作業務管理或溝通的工具，坊間已有頗多論述文章在強調它的效益及方法，即便到了今天，面對如 ChatGPT 這類先進的ＡＩ機器人工具，如何問對問題、如何準確而深入地提問，都是現代不可或缺的重要素養與職場課題。

老鷹視角下的江湖事

瑜伽修習中，老師常指導學員，靜心、定心、以老鷹居高臨下的視野洞察生命。

在工作、生活中遇到雜事困擾、人事糾結不清時，也可以試著從高闊的視野、角度思考問題，縱使無法立即找到解決方法，但因看待人事物的思維不一樣了，比較能夠跳脫框架、擺脫負面情緒漩渦，心平氣和地應對一切。

老鷹，在美洲原住民傳說中被視為最神聖的鳥，因為牠飛得最高，被認為是最接近造物主的生物；牠是印第安人的守護使者，也是美國文化的象徵。老鷹居高臨下的視野，可以將壯闊的山川盡收眼底，這樣的思維也可以運用在創業家、管理者的日常思考行為模式之中，試著從高闊的視野、角度去面對問題，就能逐步培養處理江湖事的能耐。

二〇二二年，隨著職涯的轉變，已不再負責公司日常業務，也因此較有餘裕可以做些身、心、靈的深度探索。因緣際會接觸到昆達里尼瑜伽，開始透過呼吸、冥想，找回生命平衡並喚醒內在力量的瑜伽修習。

「喚醒力量，活在天與地的平衡中。」在瑜伽修習中，以老鷹的視野洞察生命，是瑜伽老師常指導學員探索生命的方式。這就如同喚起內在的力量，一步步指引自我覺醒之路。在數次銅鑼靜心與冥想培訓課堂上，從頻率與聲音的指引下，搖身變為一位瑜伽士，透過每次的練習，淨化自己的心智、意念與能量，也在鬆開的大腦意識下，開始自我省思，包括人生經驗、工作經驗。在過程中，充電整頓自己、調整心態、重新組合再出發，逐步醞釀出一套自我覺醒的「安身立命之道」。

日常靜心如太虛　坐如高山頂峰

首先，於日常、每天或遇困難事時，挪出些許的時間，找一個獨處空間、安靜的角落，讓自己把心靜下來；在靜心、定心過程中，善用、發揮想像力，想像自己坐立在一座高山頂峰，周圍亦是群峰林立，而周遭的夥伴、家人、同事亦坐立在山頂高峰，大家如同你一樣地靜坐、呼吸、冥想，你自己是獨立安靜的個體，但與周遭的人互相地連結、同在，自己定下心來，卻也與周遭人同在運轉。

想像自己是隻老鷹　從高處看事情

生活上總會面臨處理不完的工作或家庭事務，特別每逢困頓之際，或是雜事困擾、人事糾結不清時，不妨把自己抽離出來，同樣地善用與發揮想像力，想像自己是隻高空盤旋的老鷹，以高空視角看事情，此時心胸便能開闊，自然就能跳脫困住我們思考的框架，當有了不一樣的體悟與感受後，縱使無法立即找到解決困擾的答案，但已能因看待人事物的思維與角度的不同，有了換位思考的能力，便能鬆開糾結交織的心與困境。

從宇宙觀看人生旅程

面對人生旅程，除了老鷹般的高度視野，更需要具備廣闊浩瀚的宇宙觀，讓自己能用更立體、宏觀的思維經營人生。想像自己漂浮在外太空，如太空人於太空漫步，然後拉近看地球，從無邊際的宇宙看地球、看人類、看自己，視自己有如宇宙之子裔，就會知道人的渺小，目前所糾結的煩惱、困擾、憂慮、情緒之事，自然就顯得微不足道，得以迅速擺脫負面漩渦，心平氣和地應對一切。

從瑜伽的修習上找到生命方向指引與啟發，也就是從自我覺醒（覺知）、關係連結（社群）、正確價值觀（高度、廣度、宇宙觀），看見自己與自己、自己與他人、自己與環境、自己與其他生命、自己與宇宙之間的關係，去實踐人生的使命、價值與意義。

「當人生的方向對了，才能活出想要的人生。」如果能及早領悟並善用這些方法安身立命，相信自己一路走來的職場、人生的歷程會很不一樣，在生活處事及心境上也可以更優雅、自在。

做自己人生的發明家

深信每個人都有自己的天賦，這是上帝造物者賦予每個人的禮物。「我的未來不是夢」，人終其一生都得去尋找自己獨有的天賦，經歷成長、磨練，進而成就自己並回饋服務社會。

雖然沒有如兒時的志願成為一個真正發明家，但對「發明家」一詞有了現代新解是——發掘自己的才能，而人的一生中最重要的發明就是自己！

小時候老師都會給一個功課叫「我的志願」，同學們在天馬行空的想像下，不經意脫口而出的夢想，往往引來滿室歡聲笑語。兒時的我也是直覺地說出想法：我要成為一個發明家。至於背後的理由，當時倒是沒有去細想，好像這是一個順理成章、理所當然的答案。

然而，數十載匆匆而過，自己在求學、就業的過程堪稱順遂，人生俗務樁樁件件累積刻劃成親知故舊看到的這個人，所幸儘管世事如棋倒也遊刃有餘。如今邁入耳順之年，小學同學的臉在歲月中早已糢糊，昔時立下的志願卻在此刻清晰了起來。

雖然沒有真正成為一個發明家，但發明家的思維一直存在我人生的關鍵抉擇之中。那就是向來對新事物感興趣、喜歡追尋其背後的脈絡，也會不斷思考其他的可能性，而在任何時候、做人或做事，也都為「不可能」留一點空間。

回顧過往學習、工作的歷程，感覺像是現在的自己與過去另一個自己對話，一路都循著一個脈絡而來，不追求花團錦簇的豐茂，卻被獨具丰姿的異草吸引，並戮力為其闢建一方沃土。

於是，對新事物的追尋一直引導著我的人生與職涯。自美國完成學業就業時，選擇進入一家科技顧問公司任職，主要業務是國防工業的新創、新計畫等，這個時期在工作中接觸的領域不斷更新，眼界也得以持續擴展。

隨後，台灣陸續開放航太工業、電信及通訊等新產業，自己都曾身在其中而躬逢其盛，見過好公司的優質領導人帶領公司「起高樓」，也看過手握好牌的企業巨擘「樓塌了」。

接著，在機緣下進入新事業開發與投資的創投領域，一待就是二十餘年。中經合以美國矽谷血統的創投吸引我投入心力；日新月異的科技發展、醒人耳目的經濟模式，在在振奮著我求變的心。一個對的公司與對的行業同時呼喚著我，與其說是受幸運之神特別眷顧，不如說這就是性格對命運的影響。

因此，發明家的現代新解，應該是發掘自己的才能，尤其是那些沒想過的事；創新或創作也是一種發明，正是自己過去一直在做的事；擅長聆聽、消化吸收後轉化出新意的人格特質，也讓我有機會寫專欄到出書，雖然始料未及、無心插柳，卻也綠意盎然，展現出人生的另一個價值。

其實，每一個人都有其天賦，這是上帝賜予的禮物，但禮物就像璞玉，並不會一開始就閃閃發亮，而是必須經過自我學習、經歷磨練，打造拋光才得以彰顯光彩。這時，不僅讓個人被看見，也能進一步對人類社會有貢獻。

然而，老天給每個人的特質、技能都不同，如何將之發揮出來？個人的經驗是，當你做起一件事感受到滿心歡喜、駕輕就熟，就算焚膏繼晷也不以為苦，也許就值得更深入探索了。

由平常生活中發掘自我，也透過不同的行業探索自己的長項與天賦，這個過程除了自我的訓練之外，還有「認知」、「行動」二個步驟，加上一顆「平等心」。

古有明訓：「自知者明」。自我認知可透過閱讀和請益二個管道進行，閱讀是自我學習成長更深入的不二法門；請益則是增加學習的廣度，最好是師出有名、言之有物，還要不忘謙卑。

第二個步驟是行動。落實夢想最重要的是行動，勇敢地踏出每一步，不論前方會遇到什麼，往前走就有機會透過各種事物更加了解自己，過程中不要墨守成規，遇到問題也不要怕開口求助，老人家說「路長在嘴上」，就是這個道理。

若說認知與行動是訓練，保持一顆「平等心」就比較像修練。

經過六十餘年的洗禮，凡事以創新思維讓我做了自己人生的發明家，循著科學脈絡另闢蹊徑成為一種習慣。已故歌手張雨生有一首膾炙人口的歌曲：〈我的未來不是夢〉，因為認真過每一分鐘。這是我這一代人的心聲，也是給下一代的祝福。

「人生股份有限公司」的 ESG 之路

近年來，強調環境保護、社會責任與公司治理的ESG成為顯學，各大企業在追求獲利之際，同時自許兼顧與員工、股東、顧客、環境等利害關係人的權益，達到永續經營的目標。

人的一生猶如創業，倘若人生是一家專屬於自己的「人生股份有限公司」，身為創辦人暨執行長，該如何落實你人生公司的ESG？

每個人來到這世上，開創自己的一生，猶如創業的過程。倘若人生是一家專屬於自己的「人生股份有限公司」，那麼，儘管生命是有限的，但許多人追求著某些永恆的真理與信念，終其一生才能了無憾恨，這種精神十分接近一家公司必須落實ESG（環境保護、社會責任與公司治理），方能永續經營的真諦。

近年來，ESG成為顯學。企業界對「成功」的定義，不再局限於於追求EPS（每股稅後淨利）等衡量盈利的指標，而是在追求獲利之際，又兼顧與員工、股東、顧客、環境等利害關係人的權益，達成ESG的目標。

萬幸的是，如今ESG已不僅是諸多企業的任務編組之一，而是被視為企業發展的重要策略，不少創業者也在草創階段將各項影響公司未來發展的「非財務因子」奉為圭臬，像是企業的利害關係人權益、使用能源的效率、供應鏈廠商產線對環境的衝擊、員工培訓機制及勞動條件等，致力於讓ESG化為公司的DNA。

作為你自己的「人生股份有限公司」的創辦人暨執行長，可曾想過，該如何落實你人生公司的ESG？

學生時期，想必不少人都曾在校園內看到「禮義廉恥」的標語，或者到禮堂集合時，掛在禮台兩邊的「生活的目的在增進人類全體之生活，生命的意義在創造宇宙繼起之生命」等名言。但當時這些都僅僅是堆砌起來的文字，沒有任何悸動。

直到進入職場後，有感於身邊不少人在職涯顛峰時期，即會思考「除了薪水外，我正在做的工作有何價值」，不只為了填飽肚子，亦要追求不可取代的意義，甚至是另一層次的情感；來到中年屆退階段，接著又想著人生到了後半場，還可以再做些什麼不一樣的事情？然後開始探索更深一層的問題：人是為了什麼而活？活著的意義為何？能為社會、其他人做出什麼貢獻？

至於人生的ESG該怎麼做？個人認為，「E」（環保）應當在生活中實踐法鼓山大力提倡的「心靈環保」理念，達到「生命經濟」的理想境界，取代「死亡經濟」的囚籠。

人類在號稱征服自然、改造世界的私慾下，汲汲營營與天爭、與別人爭，對自然資源予取予求，任由物欲及消費主義滋長著，卻忽略了這種不斷向外攀緣的念頭，源於心靈的匱乏，也引發了「死亡經濟」，環境汙染、能源危機、氣候變遷及這兩三年來危害全球的疫情，都是死亡經濟下的苦果。

與「死亡經濟」相對的是同時創造人類與自然的最大長期利益、標榜心靈環保的「生命經濟」。人類本來就源於自然，我們與自然是一體的，將生命經濟中「感恩大地，愛惜自然」作為衡量成功的標準，才能共創人類與自然的最大長期利益。

「S」（社會責任）則是對外界心存正念、富有同理心，誠如企業對外在社會懷有責任心、回饋心，人則應該懷著利他的信念來待人接物。

我深信心學大師王陽明所主張的「心外無理」、「致良知」，心是天地萬物的主宰，任何外在的行動、事物皆由人心所支配。一個人的心夠好，他所在的世界就夠美好。良知則是與生俱來的善根，人的良知足以成全天下萬物之理，唯有遵循內心的良知，方能達到內在世界的寧靜平和。

反過來說，為了一己私慾而扭曲讓他人的生命，譬如基於鞏固自身利益，而不惜傷害其他人的利益，這既是在扭曲他人生命的創造力，也同時毀滅了彼此共利、互好的可能性。

深究王陽明的思想脈絡，其實與心靈環保如出一轍。心靈環保講求的是「社會經濟」與「自然環境」共榮共存，以悲天憫人之心對待其他生靈，王陽明的心學則同時適用於人類面對自然環境及其他人，同時成全個體與全體生命的完滿，方能進一步無敵於外界，與外界共榮。

「G」（公司治理）則包含公司穩定度、透明度、供應鏈管理、股東權益的維護等涉及內稽內控與內規執行力的項目，對個人而言，就是「自律」的成果。不論是要落實人生股份有限公司的E或S，均仰賴自律的程度，一旦對外界起了貪嗔癡的歹念，就要立刻覺察、覺照，保持覺悟的心、作主的心來制住惡念，而非附庸風雅，形同成功的公司治理也無法虛應故事，而是要兼顧由內到外的管理細節，並深耕易耨。

如此細想後，益發能理解為何ESG會蔚為風尚。所謂真理是愈辯愈明的，「生活的目的在增進人類全體之生活，生命的意義在創造宇宙繼起之生命」亦顛仆不破。在歷史的洪流中，每個人的一生、每間企業的歷史都如同曇花一現，但其價值本來就不是僅取決於壽命（歷史）長短，而在於創造力，而這份創造能量的影響力能延續多久？端賴ＥＳＧ的落實程度。

有良心的企業落實ＥＳＧ，不僅得以永續經營，其產品或服務也可對於促進人類生活持續做出貢獻，甚至流芳百世；有良知的個人，實踐人生旅程的ＥＳＧ，需要強大的決心與自制力，達到「物以善小而不為，勿以惡小而為之」，在這樣的過程中，為後人樹立典範，從平凡中創造驚奇，讓自己以及他人的人生同時綻放出新的意義，即便生命逝去，「人生股份有限公司」也能以不同的形式在世上延續下去。

第三章

在新興科技發展的變革路上……

社會創新、影響力投資、基因編輯工程、ＥＳＧ金融、環境科技、新潔淨能源、程式教育、地方創生、去中心化金融、元宇宙……

新世代的科技發展與社會意識，將帶領我們走向什麼樣的未來？

社會創新企業　為落實ESG添柴火

在蓬勃的經濟與科技發展之下，人類的文明發展至高點，但也衍生了環境汙染、全球暖化、城鄉發展失衡、貧富差距擴大等「人禍」，促使愈來愈多人反思經濟、企業管理、環境保護的平衡點，也造就了「社會創新企業」的崛起。

社企流新思維

相較於社會創新企業，一般商業企業追求的是利潤極大化，社會創新企業則是從社會使命出發，但也不單純只以「公益」、「利他」、「合作」價值為導向，而是致力於透過創新成長思維與資源整合能力，找到商業模式，進而提供有效且永續的方案，達成兼顧經濟、社會、環境且永續的願景。但也因為社會創新企業必須在同時取得三方面的平衡，經營管理的過程會比一般企業面臨更多挑戰，因而像「社企流」這樣的平台便應運而生，適時提供社會企業必要的成長協助。

提到國內以社會創新為主、最具影響力的創業主題平台，多數人第一個想到的大概都是社企流。今年（二〇二二）是社企流十歲生日，經獲邀參加社企流所舉辦的一系列十週年活動，見證他們十年來不遺餘力推廣、支持社會創新創業的成果，其與時俱進的使命感，相當令人動容。

近年來，「ＥＳＧ」（環境保護、社會責任、公司治理）蔚為風尚，各界有目共睹。不過，儘管ＥＳＧ被許多企業奉為圭臬，「環境保護」與「公司治理」亦有許多客觀的遵守依據，但「社會責任」一致的衡量標準卻少了許多，許多企業即便有心想投入這一塊，也難免覺得不得其門而入。此時，若能始於和社會創新企業攜手合作，以循序漸進的方式，不失為為公司本身的社會影響力、永續經營能量添柴火的合適管道。

一般企業與社會創新企業的合作形式，泰半是三種模式，一是最普及的、最容易做到的「直接採購產品」，從逢年過節的公司禮品到辦公室每天使用的燈泡，都能優先選擇向有理想且產品力強的社會創新企業採購。

連鎖飲料店路易莎與致力於解決食安問題、顛覆乳業不公平交易的小農鮮乳坊合作，正是一例。路易莎斥資數百萬元採購了兩台「LOUISA x 鮮乳坊物流車」，除了標榜將最優質鮮奶直送消費端（路易莎各門市）外，也等於以實際行動支持人道飼養的酪農。

打造新生態圈

二是「優先使用或購買社會創新企業的專業服務」，像是某些社企提供為期數小時或數天的讀書會、工作坊、教育訓練、講座等小型培訓服務，協助培訓ESG、永續相關的重要知識或技能，或協辦有永續旅遊內涵、地方創生使命的員工旅遊、員工家庭日等，重點在於將社會創新精神融入企業既有的商業模式，不僅擴大企業的核心業務，也為社會創造更大的價值。

以中華郵政為例，利用自己據點遍布全台、物流網絡可深入偏鄉的優勢，透過旗下郵政商城推動「關懷農產行銷」活動、建置「協助農產運銷行事曆」，按歲時節氣來協助全台小農運銷產品，提高更多小農、青年返鄉發展的動力，持續落實推動地方創生的使命。在前期研究階段，中華郵政就是透過社企流來協助彙整企業落實地方創生的個案、辦理共識工作坊。

三是策略型投資與贊助行為。這裡指的不只是捐款給社會創新企業，或單純的財務型投資，而是「策略型投資」，是一種陪伴社會企業成長、茁壯的長期思維，同時也向各界證實公司是落實ESG的模範生。

這方面，星展銀行的成果，國內金融業者迄今大概無人能出其右。星展銀行有別於

社會創新

一般企業直接捐款的方式，秉持著「給魚吃，不如給釣竿」的態度來打造社企生態圈，而且長期結合銀行的核心金融業務，像是提供社會企業專屬帳戶，或指派銀行的高階經理人擔任社企導師，也策劃了不少相關的展覽，到目前為止已培育逾兩百位社會企業創業者，鮮乳坊也是其中之一。

不論是上述哪一種模式，都可看出儘管「社會責任」相對欠缺普世通用的執行準則，但從積極角度著眼，正因為如此，也成為現階段企業落實ＥＳＧ時最能揮灑創意的領域。企業如能以社會創新創業組織的創意及動能作為軍火庫，期待未來彼此交會時互放的光亮，必能從這些既有的合作模式中推陳出新，打造出更創新、更有影響力的「社會責任」執行計畫。

社企流
SOCIAL ENTERPRISE INSIGHTS

社企力到永續力

——讓社會創新成為實踐永續的關鍵力量

社企流創辦人暨執行長　林以涵

十幾年前，台灣開啟社會企業的「新航海時代」——二〇〇七年，台灣首家社會企業創投「若水國際」，將「社會企業」一詞引進台灣，在民間掀起一波討論熱潮，大眾開始認識「社企」這個新名詞。若水成立前便已存在、具有社企精神的組織——從合作社、具自營收入的非營利機構，到以改善社會問題為使命的公司等，逐漸被放到社會企業的光譜上作討論與研究。

當時，社會企業、社會創業都是相對新興的名詞。有感於大眾缺乏相關的概念，而有志投入者也沒有相關的支持，社企流於二〇一二年成立，致力以「推廣、連結、支持社會創新創業的精神與行動」之使命，打造華文界最完整的社會創新創業主題平台，提供民眾更全面易懂的認識管道，並使有志者具備更堅實的能力採取行動。

逾十年來，社企流發揮了「倡議推廣」、「創業育成」等兩大平台功能，讓社會創新、社會企業這些在台灣從相對陌生的名詞，到如今成為每三人中就有一人了解的概念。社會創新精神在台灣從萌芽到茁壯，除了更多社會創新組織成立，越來越多企業也逐漸具有社會創新思維和永續意識，台灣有了相對於過去更成熟的生態圈。

而今，隨著氣候變遷、貧富差距等問題加劇，迎來永續發展意識抬頭的時代，要促進更好的社會發展，需要每個公民、企業具備能覺察問題、發展解方的「永續力」，用以回應環境社會危機、驅動產業轉型發展、形塑未來的生活樣態。

創業十年之際，社企流轉換過去以「社企力」為核心，為社會企業強化體質、倡議推廣的服務模式，擴大至「永續力」的層次——透過三項服務，為公民、企業、社會創新組織（含社會企業與非營利組織）培力永續思維與專業，並促成彼此合作。

永續倡議推廣：不只談社企，更搜羅國內外永續新知

永續概念涵蓋面向相當廣，多數人卻認為永續僅與環境相關，忽略永續發展也由各項社會議題所組成。而隨著ESG、SDGs、淨零等永續領域中的專有名詞逐年出現，也使不少人因而卻步，認為永續議題遠在天邊、與個人無關。

社企流持續打造知識平台，透過內容推廣、活動舉辦，協助關注永續議題的個人、企業皆可找到所需的資源，長期培養其在生活和工作中的永續意識與行動。

永續人才育成：不只培育創業者，也為從業者增能

深知產業與人才對於培育資源的需求，社企流從自有品牌iLab社會企業育成計畫逐步發展出與企業共創ESG價值的培力服務，例如：與信義房屋、信義文化基金會攜手啟動全台首創的「倫理長計畫」，協助具社會使命的小微創業者厚實經營力、完善公司治理文件，擴大影響力。

育成服務對象亦從社會創業者擴大到從業者／工作者，像是攜手社會創新生態圈眾夥伴一同打造全台第一個社會創新人才學校「School 28」，期許能完善社會創新人才之供應鏈。

永續企業顧問：媒合企業與社會創新組織，促進共創的社會創新工程

觀察到不少企業常苦惱於該如何將永續發展整合進組織目標、串連社會創新；而社會創新組織，也希望與企業攜手回應問題、擴大影響力。雙方的合作需求越來越高，但卻不知該從何開始或順利合作。

社企流將協助、培力企業將社會創新精神，融入企業既有的商業模式，發展永續策略，增進企業營運與公共利益。同時，亦提升社會創新組織與企業對接之能力，為永續議題發展創新解方，促進企業價值鏈與供應鏈更加持續與兼容。

上：透過多元交流活動倡議社會創新議題
下：社企流團隊合照

影響力創投的崛起

自二〇二〇年以來，ESG成為投資市場的熱門話題。它所代表的三層涵義：環境（Environment）、社會（Social）、公司治理（Governance），提供了投資人在傳統財務分析外，衡量公司潛在收益與損失的指標。ESG的風潮不只影響投資公司在公開市場選擇目標的標準，也帶動了私募股權的一波新風潮：影響力投資（Impact Investment）崛起。

從小眾漸走進主流

影響力投資，指的是一種「能夠解決社會問題，同時獲得市場報酬，或低於市場報酬」的投資方式。他是一種介於「傳統投資」與「慈善捐贈」的投資模式：比前者更重視社會影響力，而非財務報酬；比後者更強調以商業模式解決社會問題，如氣候變遷、地方創生、教育創新、飢荒，而非只是單純捐錢。

影響力投資存在已久，直到二〇一五年後，才從小眾走進主流。近年氣候危機、種族矛盾，以及新冠肺炎疫情加劇的貧富差距、社會分化，都促使著投資機構正視社會問題，並思考如何透過投資積極應變。

如今，知名的私募基金，如貝恩資本、KKR，以及專注早期新創投資的創投，如A16z、軟銀，都開始擴大他們在影響力投資的範疇。

其中，專注於「影響力投資」的創投興起，證明創投透過投資新創公司，不僅可以幫投資人賺錢，也能為社會帶來正向影響力。「影響力創投」也成為這股ESG浪潮的生力軍。

美國的聰明人基金（Acumen Fund）就是一間知名的影響力創投，成立於二〇〇一年。創辦人Jacqueline Novogratz 知道：市場機制不足以拯救貧困，而各界善款又治標不治本。她決心結合兩者的長處，成立一個「用市場機制來解決社會問題」的創投基金。

在開發中國家，聰明人基金投資在地創業家，鼓勵他們用創新的方式提供當地缺乏的民生必需物資，如蚊帳、水、或住房。

聰明人基金不只是投資，也提供被投資方企業管理與人力資源等專業建議。

例如，巴基斯坦有高達50％的人口收入低於貧窮線以下。很多貧民在大都會裡工作，只能蝸居在缺水、缺電、衛生條件低落的違建裡，隨時都可能被驅趕。他們也缺乏貸款所需的信用紀錄或擔保品。

影響力投資

在二〇〇八年，聰明人基金投資了 Ansaar Management Company（AMC），一間專門打造可負擔住宅的社會企業。他們蓋的不只是房子，而是整個社區：包含馬路、地下水道、公園、甚至是學校。至今 AMC 持續推出廉價社區住宅，並提供二十年房貸。

聰明人基金將他們募資而來的資金，稱為耐心資本（Patient Capital），因為這種為社會帶來積極影響力的投資，需要比一般創投基金的出場年限七年更長的時間，才能看到財務回報。

令人欣慰的是，影響力投資在台灣也已生根發芽。「活水影響力創投」就是其中的開路先鋒。

活水成立於二〇一四年，其一號基金來自六十七位股東、每個單位三十萬的小額投資。這筆總金額約新台幣一千多萬的基金，專注投資永續生活、醫療照護、教育創新、地方創生的早期新創公司（Pre-A 輪）。

活水創新開路先鋒

活水的創新作法，首先是活水選擇的投資對象標準，不以財務報酬最大化為目標，而是要兼顧獲利能力與社會正向影響力。

但同時活水也不放棄取得穩健的財務報酬，因此打造一個「投資組合」，其中有些新創公司的社會影響力強於獲利能力，有些則是獲利能力強於社會影響力。透過「互補」，活水得以提高整體影響力投資的目標，以及財務回報。

其次，活水不只提供新創公司資金，還作為基金投資股東與新創公司間的交流平台。這些股東不只是當金主，還會代表活水出席新創公司董事會，貢獻他們的專業、人脈、經驗。新創公司得以從中受益，股東也更有參與感。

至今，活水投資的對象，包含了對環境友善的保養品牌綠藤生機、推廣小農鮮乳的鮮乳坊，以及即將上櫃的綠能營運商微電能源。由於投資績效受肯定，活水也從一千多萬的一號基金，募到一億規模的四號基金，也多了更多法人股東的參與，如信義房屋、嘉新水泥。

「影響力投資」為傳統的投資哲學帶來了新生命，它讓投資不再僅有金錢獲利一個目標，而也能為社會帶來更多永續發展。雖然，目前依然有衡量指標不明、人才缺乏、法規尚未跟上等挑戰，但隨著ESG的蓬勃發展，影響力投資成為主流投資方式，指日可待。

B CURRENT
IMPACT INVESTMENT

用投資陪跑影響力的社會實驗

活水影響力投資總經理　陳一強

躬逢其盛、因勢利導

二〇一三年時，台灣的社會創新創業（Social Entrepreneurship）運動正處於萌芽階段，新興的「社會企業」（Social Enterprise）或之後被稱為「社會創新企業」（Impact-driven Business 或 Profit-with-purpose Business）的新創公司逐漸嶄露頭角，但是這些先行者普遍缺乏兼具耐心、策略資源、志同道合的資金來源。

為突破資本不足的障礙，鄭志凱（CK）與陳一強（Ray）先後協助兩家社企進行一項實驗，以俱樂部式眾籌的模式（Club Funding）完成募資，之後決定延續此模式提供市場長期穩定的資金來源，於是結合四十多位來自台灣及矽谷不同領域與專業的天使，於二〇一四年四月十日共同發起成立活水社企投資開發公司，成為活水影響力投資（B Current Impact Investment）系列的第一號基金，也是台灣第一家100％投資早期（Pre-A或

A輪）社會創新企業的影響力創投基金管理公司或普通合夥人GP。

眾人之事、眾人助之

活水俱樂部式募資的模式，遵循同一輪所有投資人均等出資的原則，例如每人台幣九十萬、五百萬或一千萬不等，一方面分散風險、增加對獲利的耐心程度，另一方面讓有心的投資人參與及貢獻不同領域的專業與資源網絡，包括個人的智慧資本與社會資本等，協助投資戶成長，甚至與他們一起學習，提升資金的聰明程度。舉例而言，活水每筆投資都盡量爭取董事、監察人或觀察員的席位，並委託合適的投資人出任，亦或組成專家顧問團隊，配合活水的投資經理一起提供投資戶有關公司治理、業務發展、產品／服務精進、人才培用、資金募集及影響力管理等方面的支持，正如諺語所說「養育一個孩子（投資戶）長大，需要一整個村莊（投資人）的力量」。

這個投資人高度參與（High Engagement）的模式也是活水使命之所繫，希望成為連結社會創業家（多為千禧世代）與影響力投資人（多為嬰兒潮世代）供需兩端社群與世代之間的橋樑。藉由投資與陪跑，協助新創團隊度過艱難的草創期或起飛期，建立健康的公司體質、文化、組織、商業模式，以利籌募下一輪資金，增加成功的機率、成功的規模、和整體的影響力。活水也樂於攜手國內外的夥伴組織（如AAMA台北搖籃計畫、社企流、B型企業協會、台灣影響力投資協會、AVPN亞洲公益創投協會等），一起建構更健全的社創生態系，導引主流資本市場，共同提升社會福祉與維護環境永續，追求影響力如活水湧流的境界。

二〇二三年初，經過九年的演化，活水現有五個基金，聯合了上百位投資人或有限合夥人（LP）、投資二十三家新創，並以氣候科技（Climate Tech）、永續食農（Sustainable Agriculture）、健康生活（Healthy Lifestyle）及包容經濟（Inclusive Economy）為四大主題，致力實踐全球影響力投資聯盟（Global Impact Investing Network, GIIN）所定義「有意為社會及環境造就正面的、可衡量的影響力，同時也創造利潤的投資」。

左右兩難，平衡致遠

為避免前述的「……同時也……」成為投資決策時永遠的兩難，活水必須預先設定並持續校準總體資產配置的目標與個案投資評估的標準，以追求影響力與獲利（Purpose and Profit）兩者的極大化，而非單純獲利的最大化。

活水將投資標的概分為三種類型：型一代表成長／獲利潛力較高且影響力廣、受眾較多（如微電能源），設定占總資產比重的70％左右。型三則是成長／獲利潛力有限但影響力深、受眾聚焦（如甘樂文創）。加上型二介於前兩型之間（如貝殼放大）共占30％左右。這樣的設計有助於篩選出合適的潛在投資標的。

未來隨著基金規模逐步擴大，考慮ＳＤＧｓ相關投資主題——如環境科技等，鏈結全球市場的脈動，以及投資標的必須跨出台灣走入世界或反之亦然的趨勢，活水的投資工具與資產配置勢必需要更加靈活與多元化，以滿足國內外更早期、科技導向的新創，亦或較晚期、但看重活水價值的老創，對資金條件各自不同的期待。

至於評估投資個案的標準，通常必須回答幾個基本問題，例如公司的影響力是否達到基本門檻且有成長的空間？核心團隊是否具備核心能力並有可塑性？營運模式與價值主張是否有差異化與獨特性？產品或服務是否有市場潛力並得到初步驗證？公司目前的發展在生命週期的哪一個階段？當然更重要的是活水是否真的能幫得上忙？或因為活水的參與可以帶來什麼不同？

活水認為新創團隊既有影響力的大小或深廣，只是投資評估時的基本門檻或保健因子，更看重投資後因為活水所能產生的加乘或共振效果。因此，活水進行實地查核（ＤＤ）時，不會立即將團隊的影響力予以貨幣化，而是較為主觀地從ＡＢＣ三個面向給予評量，包括創業者的初心（Aspiration to Impact）、對內（Benefits of Stakeholders）及對外的影響力（Contributions to Solutions），希望協助新創團隊找出與影響力相關改善的機會點及成長的潛力源。

用投資陪跑影響力的社會實驗

「活水」代表天地萬物的根源，正如流動泉水源源不絕。英文名「B Current」，代表與時俱進，順應潮流，擴大對社會和人類的影響力。B 可以是 Be，存在或完成，或是 Benefit，以行動來利益社會和地球。Current 是活水，集眾人力量匯成的活水源頭，也是潮流，不停歇的演化和改變。

活水既是理想主義者，也是行動主義者，也許走得不太快，但希望能夠走得更遠。一方面要小心翼翼，一方面又必須勇敢向前。一方面要廣結善緣，另一方面又要維持獨立人格。一方面要追求投資效益，一方面又要擴大影響。

要能達成這些相互衝突的目標，活水還需要培養三個特質：

（一）永續學習：活水內部、活水與投資標的、活水與社創圈、活水與公部門之間的雙向學習。

（二）開放共享：資訊、機會、資源、經驗都可以透過分享而擴大價值，因為透明而增加誠信。

（三）價值共創：活水之存在必須具有獨特價值，但此獨特價值必須透過群體共同創造，因而成事不必在我。

活水夢想，有一天，一流人才從事社會創新企業不必領取二流薪水、社企經營者不必背負超荷的道德壓力、經營者與投資者充分信任且彼此提攜、社創生態系已然成熟而創業者不必獨闖韶關，並能以成功的社企經驗影響一般企業的行為模式。活水也期待未來不再有社會創新企業或影響力投資這些名詞，因為所有的企業都是社會創新企業，所有的投資都是影響力投資！

迎接人類生命科學的大時代

二〇二〇年是生命科學史上重要的一年，在新冠肺炎疫情大舉來襲、群醫一度束手無策之際，這一年的諾貝爾化學獎桂冠落在 Emmanuelle Charpentier 與 Jennifer Doudna 兩位傑出的科學家身上，她們發現了基因技術中最強大的工具：CRISPR/Cas9 基因剪刀，能精準改變動物、植物和微生物的 DNA，足以改寫生命密碼。

科學發展有如一部偵探小說，科學家們以其專業不間斷地觀察、求證、拼湊，最後串連出大自然的奧祕。

基因編輯就是一個長達半個世紀的懸案，早在一九七〇年代科學界已有了原始的基因編輯技術，一九八〇年代又在大腸桿菌的基因序列中，發現一組重複出現的編碼，接下來在數十種微生物的基因體印證同一現象。原來，這組基因序列的作用是在病毒入侵時，細菌的免疫系統補捉到病毒的DNA之後，會發展出相應的追蹤RNA並存入記憶中，一旦發現同樣的病毒就將之剪碎，使其無法複製。

破案的關鍵就在於編號 9 的蛋白分子（Cas9），它能快速找到並剪斷基因，隨後再讓基因自然修復，或以導引、插入的方式改造基因。Charpentier 和 Doudna 兩人結合彼此專業，共同確立並簡化 CRISPR/Cas9 的運作機制，二〇一二年於國際期刊《科學》上發表論文，基因剪刀橫空出世，一時捲起科學界的千堆雪。

過去基因編輯技術都是由科學家手動運作，但要改變細胞、植物或生物體中的基因非常耗時，也存在誤差值；現在 CRISPR 技術讓其突破瓶頸，容易使用且精準度高，被運用在不同領域中，為癌症的創新免疫療法、遺傳疾病的治療、動植物的育種各方面，都帶來了革命性發展。

這把基因剪刀不僅將生命科學帶入了一個全新的時代，資本市場也嗅到商機，給予熱情的迴響，大量資金湧入追捧相關企業。市場分析認為，以 CRISPR 為基礎的基因組編輯市場，將帶來每年數十億至數百億美元的龐大商機。

以中經合投資的 Synthego、Edigene 兩家公司為例：Synthego 公司提供「生物學研究虛擬化（Virtualizing Biology）」服務，有如電腦行業的雲端伺服器，人們不需構建、維護自己的伺服器基礎架構，Synthego 為學術研究人員和生物製藥公司提供基因編輯所需要的關鍵材料和實驗，讓科學家能專注解決科學問題，不需花時間在編輯程序上。

二〇一三年中經合投資時，Synthego 公司估值僅兩千萬美元，二〇二〇年公司再募得一億美元，公司估值達四億九千萬億美元，投資價值七年翻漲近二十五倍。

CRISPR/Cas9基因剪刀為醫療帶來的終極改變最是令人期待，我們都知道ＤＮＡ若出差錯就會產生疾病，錯的ＤＮＡ若能及時切割並插入對的環節，許多疾病將獲得根本的解決。Edigene公司將CRISPR/Cas9運用在血液相關疾病治療上有了長足發展，現在運用面更廣，未來舉凡遺傳疾病、感染性疾病及癌症等，都將不再困擾人類。

中經合在二〇一六年投資Edigene時，公司估值兩千六百萬美元，最近一次增資募得六千四百萬美元，目前公司估值兩億三千萬億美元，投資價值已經漲了近九倍。

無疑地，人類已經進入生命科學突飛猛進的大時代，台灣也不能自外其中，在智慧醫療要跟上國際腳步，法規勢必先鬆綁，才能造福國人；基因工程若投入農漁畜牧等台灣具領先優勢的產業，可望更上一層樓、占得先機。

正如Jennifer Doudna在《基因編輯大革命》一書中提到：「不論我們是否準備好要面對。在接下來的幾年內，這項新興的生物科技將會帶來高產量的農作物、更健康的牲畜，以及營養更豐富的食物。幾十年之內，或許會出現可供人體器官移植的基因工程豬，甚至還會讓長毛猛獁象、有翅膀的蜥蜴及獨角獸再現。」讓我們拭目以待。

「上帝的那把剪刀？」淺談基因編輯

Mononuclear Therapeutics Ltd. 商務長　呂志鋒

每一個世代，人類都有一些重大的醫學創新科技研究，引領我們在這個技術平台更加進步，提升人類的生活品質及大幅的延長我們的壽命。舉凡基因解碼、幹細胞的研究與應用、疫苗的發展、和抗衰老的研究。每一項研究成果的推進，對我們社會各個環節都有至關重要的影響。然而，我們要從不同的面向探討人類追求健康付出的努力，與我們如何妥善運用這些先進的科技，在此要探討的是基因編輯的技術——CRISPR/Cas9。我們在過去對於先天基因缺陷的病人，幾乎是束手無策；憑藉著新技術的突破，有如打開潘朵拉的盒子，似乎找到一些答案。

CRISPR/Cas9是一種基因編輯技術，可以精確地修改生物體的基因序列，也就是說，可以應用在動植物及微生物的基因編輯。自從這項技術被開發出來以來，已經被廣泛應用於生物醫學研究、農業、動物育種等領域。未來，CRISPR/Cas9將對社會、經濟和生活品質產生深遠的影響，以下是一些可能的影響：

一、醫療：

CRISPR/Cas9 技術可以用於治療許多遺傳性疾病，如囊腫纖維化、血友病和心血管疾病、神經退化性疾病及愛滋病等，有望將這些疾病澈底治愈。此外，CRISPR/Cas9 還可以用於治療某些癌症和其他疾病，同時也可以做為個人化的「精準醫療」，這將對醫療行業產生革命性的影響。除此之外，人類壽命可能因新科技而大幅提升，也應該考慮延長退休年限，活化社會經濟成長動力。

二、農業：

CRISPR/Cas9 技術可以用於改良農作物，使其更加耐旱、耐病、抗蟲害等，這將有助於提高農產品的產量和品質，減少農藥及肥料使用和降低農作物損失，從而促進糧食安全和農業可持續發展，並且種植出更營養健康的農作物。

三、生殖醫學：

CRISPR/Cas9 技術可以用於修改人類胚胎基因，對於先天遺傳疾病可以進行適當的治療，從而影響下一代的基因組成。這將對生殖醫學產生巨大的影響，並引發各界人士在道德和法律上的爭議。如何取捨，有待時間及更多的臨床驗證。

四、知識產權：

CRISPR/Cas9 技術的發明人之間存在著知識產權的爭議。這將對技術的商業化和產業化產生影響，並可能導致技術被壟斷。

儘管 CRISPR/Cas9 技術在基因編輯方面具有許多優點，但它也有一些尚待克服的技術層面：

一、精確性：

雖然 CRISPR/Cas9 技術可以精確地切除和插入ＤＮＡ序列，但它也可能意外地切斷非目標基因，導致意想不到的後果。這種所謂的「非特異性」剪切可能會導致不可預測的突變，例如可能導致癌症等健康問題。

二、靈敏度：

CRISPR/Cas9 技術對外來病毒和細菌的感受性很高，這可能會導致技術失效或不穩定。此外，環境條件的變化也可能影響其效率及結果。

三、道德問題：

基因編輯技術的應用引發了許多道德和法律上的爭議。例如，修改人類胚胎基因是否合乎道德？如何平衡科學研究和道德責任？這些問題需要社會各界和政府等多方面的討論和協商，制定大家可以遵守的規範準則。

四、能力限制：

CRISPR/Cas9 技術只能編輯一小部分基因，對於複雜的性狀和疾病可能不夠顯著改善。因此，需要進一步研究和開發更先進的基因編輯技術，例如結合ＡＩ的輔助功能，能快速增加其他技術的開發。

總體而言，基於 CRISPR/Cas9 這項技術已經是科學上驗證可行，對於基因如何工作的基礎研究有雄厚的基礎，以及開發治療癌症等複雜疾病的生物療法具有廣泛的適用性，在未來仍將面臨各種挑戰和限制，需要不斷改進和完善，這個科學方法具有無限的潛力，對於未來的發展，讓我們以祝福的心情，迎接新的醫學時代的來臨。

綠色金融　驅動企業轉型

過去人類的經濟活動對環境產生破壞，政策與金融機構，甚至你我都曾經是幫兇，如今面對地球的怒吼，各國以亡羊補牢的決心引導經濟轉型。於是，重視氣候變遷風險管理、推動涵蓋ＥＳＧ（環境、社會責任、公司治理）面向的金融商品發展快速。這股綠色金融的風潮正襲捲全球，成為驅動企業轉型的關鍵力量。

氣候變遷、環境不斷惡化，人類在空前的危機下進入集體覺醒的一刻，各國以政策推動綠色金融，促使金融業透過信貸規則來改善企業行為，企業開始投入ＥＳＧ等非財務風險規劃，普羅大眾則以投資行動支持，綠色金融的完美產業鏈於焉展開。

在這一波綠色革命中，金融業扮演承上啟下、落實執行的重要角色。金融業化被動為主動，從傳統的世俗「交易」、「投資」、「借貸」工具，提升為加值賦能為善社會、促進經濟發展、政策實踐的工具。

事實上，很多具遠大理想目標的運動，在一開始都只是一個概念，例如解決社會痛點的社會企業，在發展初期也滯礙難行，小型金融如星展銀行曾用融資借貸方式支持社

ESG 金融

會企業「晨星活水影響力投資基金」，動員企業界共同投入天使投資人的行列，以行動參與「LnB影響力投資計畫」，提升CSR與ESG的機會點。

當然，社會企業僅是ESG其中的一環，綠色金融的發展則是來自一個更大、更迫切的議題，能夠順利凝聚共識進而聚沙成塔有二個主要原因：一是綠色金融有助實現環境保護、促進經濟成長，這是趨勢的力量。第二則是有利可圖，投資人願意買單，金融機構、企業在賺取良心財的同時也獲取名望，成就一門好生意。

現今金融機構將ESG納入授信借貸評估的標準，也作為其投資的優先選擇與考量元素，於是基金、債券的「綠色含金量」變得重要，牽動的是全球數十兆美元的資金流向。

德意志銀行更預估，全球資產包含ESG的代操投資，將於二〇三六年大幅成長至一百六十兆美元，若與二〇一八年約三十兆美元規模相比，成長幅度超過四倍。也許公益不一定能獲取足夠資金，但利潤驅動公益的力量則不容小覷。綠色金融產業鏈進入良性且高度發展，成績也展現在投資績效上。

根據基金評級機構晨星（Morningstar）分析發現，高達七成三的ESG市場指數表現超越其他非ESG的同類型市場指數，顯示永續型基金較傳統基金擁有更優異的營運能力。

綠色金融足以驅動企業轉型。以往企業追求永續經營，有良好績效即能從銀行搬出更多的錢擴大經營，而投入資源在社會責任、節能省碳、永續發展等綠色改革時，常被認為曲高和寡，只能博取好名聲卻看不到成效。

如今，低碳經濟轉型的趨勢不斷加速，各項數據顯示，願意投入ＥＳＧ的企業不只平時表現良好，高風險時期亦展現強勁韌性；在淨零轉型中走的愈快、愈好的企業，其穩健成長率更受授信機構及投資人肯定。

綠色金融透過積極參與來改善企業行為，已帶來實質的改變，更進一步成為社會全體，甚至全世界運動，可見找到對的工具很重要。換句話說，找到夠痛的痛點，並善用金融工具，足以凝聚共識、匯聚成巨大的力量，在改變社會的同時，也能實際掌握多元商機。

金融是經濟永續發展的血液，綠色金融將社會中更多的血液和養分導引到永續發展的綠色經濟中，引領企業轉型並持續產生驚人的加值效應，其發展模式亦是值得社會工作、政策推動者省思的課題。

ESG投資的未來與挑戰

矽谷跨區域創業&投資人　王仁中

ESG投資是近年來投資領域的一個重要趨勢。所謂ESG投資是一種長期投資方法，將環境、社會和公司治理等因素，納入投資主要考量，以評估公司的長期價值和可持續性發展。

此投資方式可以為投資者提供更全面的投資角度，同時也有助於推動一般企業實現社會與環境的可持續性。如CalPERS是美國加州公務人員退休基金，亦是全球最大的養老金基金之一，自二〇一八年開始將ESG因素納入其投資決策中，並制定了一系列ESG投資指南，至二〇二一年底，CalPERS在ESG相關領域的投資總額已超過四百三十億美元。儘管ESG投資已經得到了越來越多的關注和支持，但它也面臨著一些擔憂和批評。

第一個問題是ESG數據資料的可靠性和標準化問題。ESG數據資料通常來自不同的機構，包括企業公開報告、第三方研究機構、社會組織、媒體等，不論是主觀或客觀來源，都可能存在不精準或虛假的情況。這種情況對投資者而言是個問題，因為他們需要依靠ESG資料來做出投資決策，同時與自有的ESG數據做整合。此外，不同的機構使用不同的指標和評估方法，也會導致投資者混淆。

第二個問題是ESG投資可能會導致低收益和高風險的結果。ESG通常不是股票價格的直接驅動要素，因此，如果投資者僅僅關注ESG資料，可能會忽略了其他重要的投資條件與狀況，而導致低收益和高風險的投資組合。例如，一家公司在環境和社會方面表現良好，但其財務狀況不佳，則其股票可能會表現不佳。反之亦然。因此，ESG投資需要綜合考慮多種要素，以確保投資組合的長期穩定和增值空間。

第三個問題是ESG投資缺乏定義和標準化。ESG要素可以包括很多不同的元素，如環境影響、員工福利、公司治理、社會責任等。然而，目前資本市場尚未制定一致的ESG定義和標準，資訊披露的標準不一、品質參差不齊，不僅會影響投資決策，還可能導致投資者對ESG投資的信任度下降。因此，為了推動ESG投資的發展，需要建立更完整與全球化一致性和標準化的規範。

雖然有上述問題待解，但ESG投資仍有其優點：

一、長期價值：

ESG投資強調的是長期價值和可持續性，而不是短期收益。此投資方法可以幫助投資者評估企業的長期風險和機會，並減少非可持續性因素對企業的影響。這種長期視角可以為投資者提供更好的投資回報和投資保護。

二、**社會責任：**

ESG投資可以幫助投資者實現社會責任。通過投資符合ESG標準的企業，投資者可以支援這些企業在環境、社會和治理方面做出更積極的貢獻。這種社會責任感也可以提高投資者的聲譽和品牌價值。

三、**投資組合多樣性：**

ESG投資可以增加投資組合的多樣性。ESG投資可以幫助投資者發現更多的投資機會，並在不同的資產類別和行業中分散投資風險。這種多樣性可以幫助投資者降低風險，同時提高投資回報。

未來發展趨勢與機會：

一、**標準化發展：**

未來的發展趨勢，是建立ESG的標準和定義，使其有機會更趨近一致和標準化。這將有助於投資者更好地理解ESG投資，並使得不同的機構和標準之間更加統一和協調。

二、**數據資料和衡量追蹤技術：**

隨著科技的不斷發展和數據資料技術的不斷提升，ESG投資也將受益於更準確、更可靠和更全面的ESG數據資料。投資者可以利用人工智慧和大數據技術來處理和分析，並追蹤有效的ESG相關資料，找到更好的投資機會和風險評估。

三、**市場需求增溫：**

ESG投資的市場需求將會繼續增長。越來越多的投資者將會意識到ESG投資的重要性，並將其作為一種必要的投資方法來應對環境和社會問題。隨著ESG投資的普及和標準化，市場需求將會進一步提高。如伴隨年齡與退休生活在投資之間的平衡：荷蘭退休基金（ABP）是全球最大的養老金基金之一，自二十世紀九〇年代起就開始將ESG因素納入其投資決策中，尋求投資與生活型態的平衡機會與價值。ABP在ESG相關領域的投資總額已達到超過六百億歐元。

四、**追蹤法規更新：**

政府和監管機構的支持將會推動ESG投資的發展。越來越多的國家和地區將會提出相關法規和政策，以支持ESG投資的發展和應用。這將為ESG投資提供更多的機會和保障。並對於沒有相關機會的企業來說，這是一個高系統性風險的存在。

ESG金融

歐洲風險投資市場對於ＥＳＧ投資，主要是在以下幾個方向，尋找新創公司的投資機會：

一、**碳中和和能源轉型：**

歐洲創投正在大力尋找為實現碳中和和能源轉型的解決方案的新創公司。這些初創公司提供的解決方案可以包括ＣＣＵＳ、可再生能源、能源存儲、能源效率和電動汽車等。

二、**循環經濟：**

創投也對能夠促進循環經濟的新創公司有極大的興趣。這些新創公司致力於在資源有限的情況下增加回收與循環產品資源的利用，以最大限度地減少浪費和汙染中同時也提供了新的商業模式和投資回報機會。

三、**可持續農業和食品：**

這些公司致力於推動可持續農業和食品，解決方案包括精準農業、智慧農業、食品加工和分銷等。

四、環境監測和治理：

這些新創公司致力於監測和減少汙染、提高水和空氣品質，並提供可持續的城市和工業治理方案。

ＥＳＧ投資作為一種新型的投資方法，雖然面臨著一些挑戰和批評，但其優點和未來的發展趨勢非常值得投資者關注。投資者可以通過加強對ＥＳＧ投資的理解和研究，找到更好的投資機會，並實現長期的投資價值和社會責任。未來，隨著標準化和科技數據技術的不斷提升，ＥＳＧ投資將會越來越受到市場的認可和支持，成為一種主流的投資方法。

善用科技為永續治理撐起保護傘

企業經營必須與時俱進，跟著社會發展走，千禧年前就倡導的「企業社會責任（CSR）」，到二〇〇五年聯合國提出ESG（環境、社會、公司治理）的概念時有了評估標準。然而，伴隨著人類工業發展而來的火災爆炸、工傷、化學品洩漏等事故頻傳，關注環安衛議題的ESH（環境、安全、健康）開始受重視，成為落實ESG的客觀指標之一。

過去，企業經營重視的是財務數據；現在，永續治理才是顯學。以二〇〇八年金融風暴為例，在美國市值前三千大的公司中，ESG評分愈高者，受系統性風險影響的程度愈低，因為重視社會責任、公司治理的企業，擁有良好信譽，穩定的營運模式也較受投資人信任。

正如CSR的領域廣大，可以用ESG原則來看，ESG也延伸出與環境保護、職業健康與安全相關的ESH法規，以及涵蓋公司治理、風險評估、企業合規的GRC管理準則。

對善於利用管理系統的企業而言，是由最根本的項目，一樁樁、一件件建構起來，改進自身的環境與安全衛生管理，以對應內外部風險，在提升企業營運戰略層次的同時，也為未來規劃轉型立下堅實基礎。

然而，如此龐大的工程，在過去依賴環安衛相關部門員工製作表格，手動記錄，同一公司的不同廠區又各自執行，無法相互為用；大型企業自行開發系統，也常因內部資源排擠而延宕更新。

最重要的是負責人員一旦異動，知識資產便無法累積傳承，或因法規變化而砍掉重練；原地踏步的結果，就是當事故發生時須付出極高代價，大損公司形象，甚至失去客戶。

在新經濟時代，ＥＳＧ大趨勢不可逆，法令亦逐漸完備，開始有新創的公司掌握產業需求，善用科技創新創業，解決企業痛點，也開啟自己的一片天地。

環安衛管理意識及軟體工具在新經濟時代應運而生，資本市場也注意到ＥＳＧ解決方案的投資標的。

例如，今（二〇二一）年七月，美國 Blackstone 斥資十四億美元，從 Genstar Capital 手中收購ＥＳＧ軟件、數據、諮詢服務提供商 Sphera，引起市場關注；台灣亦有嶄露頭角的公司，二〇一二年成立的威煦軟體便是其中的佼佼者。

威煦軟體採用「軟體即服務（Software as a Service，SaaS）」技術，於雲端架構「ESH Clouds環安雲」平台，以數據化報表提示風險存在，協助企業運行各項符合法令、稽核等需求的管理，落實EHS／CSR永續發展報告。

主要客戶多數是位列世界五百強的大型企業、產業領導品牌，或是快速成長中的企業。

過去客製化的系統很難符合其他公司的規範，現今因為科技發展而有了工具，威煦軟體結合大數據、AI與AR等技術，不僅將風險管控效率極大化，還能學習各產業的知識和經驗，發展出靈活組合並且能適用於不同產業與規模的套裝產品，協助更多企業降低風險、永續經營。

近二十年來，世界各國無不努力地推動友善環境、永續發展的各項法規，台灣科技、製造業以實力打入全球重要供應鏈，此時更應該善用新科技，提高自身的風險管理能力。

因此，企業導入健全的環安衛管理系統，不僅是被動防守，也是主動進攻的一項利器，在保護環境、保障員工的生命與健康之際，更能發揮正向影響力、提升競爭力，進一步開拓更好的市場與客戶。

從防守走向進攻

——台灣產業雙軸轉型之路

威煦軟體執行長　董軒宇

威煦軟體在二〇一二年成立之初，鎖定的是「環安衛（ＥＳＨ）」軟體市場，也就是「環境保護」、「工廠安全」、「勞工健康（衛生）」領域的應用。顧名思義，我們思考的是如何降低環境汙染的可能性、如何減少工安事件發生的機率，這些思維和工廠裡的環安衛部門想法是一致的。

如同早年會計師事務所進行查帳，或是稽核單位進行稽核工作時，多是以「除弊」的角度出發，盡可能找到企業潛在的風險，設法降低危害或損失。若是以球賽來比喻，大概就是「防守」的概念。

如今ＥＳＧ浪潮席捲全球，管理趨勢已經從「除弊」轉為「興利」，就像球場上的戰術從「防守」走向「進攻」。某種程度來說，它也反映了ＥＳＨ走向ＥＳＧ的精神。

舉例來說，企業做好ＥＳＧ的策略規劃與執行，不僅僅是降低風險、減少違規，更可能因為ＥＳＧ的評比獲得績優表現，爭取到國際客戶的訂單，或者在資本市場以更有競爭力的方式取得資金。

由於威煦軟體很早就開始服務國際一流的大型客戶（如：德州儀器、巴斯夫、杜邦等），我們對歐美市場和亞洲市場之間的差異，感受特別強烈。

ESH在歐美企業裡的位階很高，ESH部門主管常常直接向最高管理者報告，例如蘋果公司就設置了「副總裁」這樣的職位，來管理永續發展的相關業務。過去也聽聞國外客戶分享，他們在評估策略合作夥伴或併購對象時，將ESH的分數列為優先考量項目。若是ESH績效表現不佳，即使本業的獲利程度再好，也可能直接被排除在名單之外。由此可見歐美企業對於永續經營發展的觀念，確實領先亞洲企業一段差距。

值得慶幸的是，全球ESG浪潮現在也逐漸改變著亞洲的政治、經濟、產業環境，讓ESG成為一門顯學，更是一項必修學分。

台灣二〇二三年一月由立法院三讀通過《溫室氣體減量及管理法》修正草案，正式更名為《氣候變遷因應法》，便是台灣邁向永續發展、淨零排放的重要里程碑。

這是台灣政府首次將「因應氣候變遷」的相關政策納入法令規範，包括制定二〇五〇淨零排放的中長期目標、分階段對企業徵收碳費、成立溫室氣體管理基金等。對企業界來說，永續發展不再是一句口號，而是必須結合企業短、中、長期發展目標的議題。

很多產業前輩把「數位轉型」和「ESG轉型」兩者合稱為企業的「雙軸轉型」，威煦軟體從十年前的環安衛軟體公司走到今日，正好參與了許多台灣客戶在這兩件事情上的企業變革，各種成功與失敗的經驗真是點滴在心頭。

如今我們幫客戶解決的不只是「環安衛（ＥＳＨ）」問題，而是以永續經營、ＥＳＧ的角度來提升績效表現；另一方面，我們也不只是推廣「軟體」，而是把軟體當成一種工具和手段，搭配威煦深耕多年的產業知識、顧問服務甚至是其他策略合作夥伴的資源，提供客戶具有全局觀的完整解決方案（Total Solution）。

回顧過去十年，威煦軟體在產品開發過程最重要的依據，其實是來自市場的「客戶意見」。藉由這些世界一流大廠的要求，我們得以了解業界最新、最急迫要解決的問題是什麼，轉而成為我們的產品發展藍圖。在ＥＳＧ趨勢下，我們也會秉持一貫的精神，以客戶為師發展出更多有價值的產品與服務。

在早期市場不被看好的情況下，威煦軟體一直受到許多台灣企業界前輩的支持，否則我們很難從「環安衛軟體」這樣冷門的領域中存活下來，發展至今得以在ＥＳＧ浪潮中躬逢其盛。我們期待在產官學界的齊心推動下，讓永續發展和ＥＳＧ成為台灣產業的共同語言、台灣企業的ＤＮＡ。威煦軟體也會繼續在這個領域，成為企業最堅強的後盾。

環境科技

▲威煦戶外教學日——勞安加衛體驗館

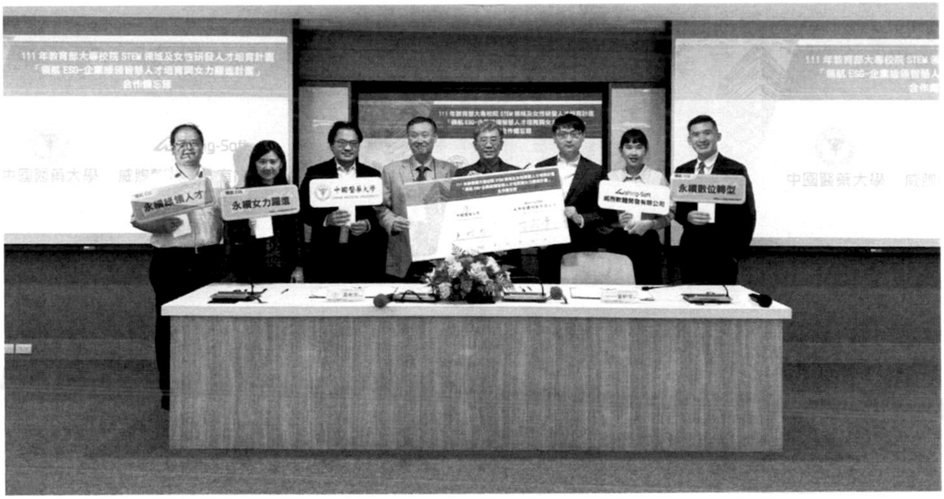

▲與中國醫藥大學產學合作簽約儀式

核融合　潔淨能源聖杯

氣候危機加劇，乾旱、暴雨、野火、颶風對人類社會帶來真實的威脅，全球發出減碳動員令。然而，綠電與再生能源肯定跟不上經濟去碳化腳步，擁核與廢核依然是爭議。此時，被認為是潔淨能源的聖杯、能源危機終極解方的「核融合」技術與時間賽跑，期待建構人類與地球共存的美麗世界。

全球共識淨零碳排

二〇一五年聯合國氣候高峰會簽訂的「巴黎氣候協定」，期望能共同遏阻全球暖化趨勢；去年（二〇二一）十一月在格拉斯哥舉行的聯合國氣候變遷大會（COP26），終於達成二〇三〇中期減排目標、二〇五〇淨零碳排的全球共識。

此外，去年歐盟的「55套案」（Fit for 55）一共提出十二項政策措施，涵蓋氣候、能源、建築、碳交易、土地利用、交通運輸、稅賦等面向，宣示社會與經濟的全面轉型，對企業更是影響深遠。

檢視目前全球最廣為使用的化石燃料對環境汙染、排放溫室氣體最為嚴重，而現有綠色能源又都有其局限性，所能提供電力僅占全球能源供給不到20％。若要達成COP26訂下的目標，需要迅速、大規模的減少碳排放，但事實是，即使在十年內將碳排放量大減五成，也只能達成目標的四分之一。

全球的科學家、工程師不斷尋找著地球終極能源的解方，答案就是「核融合」。人類從史前時代就知道太陽的巨大影響力，由仰望、崇拜到探索，一直到十九世紀，科學家發現太陽和其他恆星能經由高溫和高壓，驅動氫原子碰撞並互相融合，將氫原子等較輕原子經過融合反應成為較重的原子核，釋放出大量能量。

核融合反應就是恆星能量的來源。這個融合原子產出無限能量的過程，幾乎不會產生核廢料，因而被譽為是「清潔能源聖杯」。

一九八八年，由全世界三十五國參與、斥資兩百二十億美元的ITER計畫正式展開，雖然這項重要的跨國計畫延誤許久，仍然有望在二〇二五年底前取得重大進展，實現核融合的大目標。

新創公司積極投入

世界各國也紛紛跟進相關領域的研究，比如英國牛津郡的「歐洲聯合環狀反應爐」實驗室去年十二月成功使用核融合技術，產生五十九百萬焦耳（ＭＪ）的能量並持續五秒；韓國也宣稱其裝置可以讓一億度高溫維持三十秒。

核融合的發展隨著技術突破屢傳佳音，資本市場的投資狂潮亦席捲全球。多年前比爾蓋茲的 Breakthrough Energy 投資公司就開始投資在核融合領域，最近新一輪的投資者包括谷歌的 Alphabet Inc.、軟體服務平台 Salesforce 首席執行官馬克・貝尼奧夫的 TIME Ventures、矽谷風險投資公司 DFJ Growth，還有亞馬遜創辦人傑夫・貝佐斯。

新創公司方面，美國知名投資銀行曾列舉了十大值得關注的核融合新創公司名單，除 Commonwealth Fusion Systems 及 Helion Energy 等已為市場熟知的核融合公司外，位於美國加州蒙特利的新創公司 Alpha Ring 則以輕巧的桌上型設備為未來的應用帶來更大的想像空間。

傳統的核融合設備體積巨大，Alpha Ring 採用創新的專利技術，以電子層促成核融合的發生，能大幅縮減系統設備模組、降低操作溫度及成本。

若以電腦發展作類比，有如過去ＩＢＭ大型主機進展到可攜式筆電，可直接提供給客戶端使用。

科學家與工程師持續努力，加上企業投資的推波助瀾，零碳排又穩定的能源供應呼之欲出，實現人類充足能源需求的同時，也能有效緩解氣候變遷。

而在此大趨勢之前，減碳目標、溫室效應、企業ＥＳＧ（環境保護、社會責任、公司治理）等將帶動永續投資的資金分配，牽動數十兆美元的資產流動，這股力量也將驅動企業轉型。

因應格拉斯哥氣候協議，各國應在二〇三〇年達成減碳45％，台灣也將訂出二〇三〇減碳目標。台灣政府與企業對此應高度關注及早因應，全面啟動低碳轉型已經刻不容緩，應排除困難與障礙及早布局，參與全球邁向低碳淨零的新時代，成為轉動地球的新能量。

建立全球生態鏈 加速核融合產業發展

聚界潔能股份有限公司營運長　莊子瑩

核融合技術作為全球能源需求和減排目標之間的解決方案，正日益受到關注。相較於核分裂技術，核融合是一種更加清潔的能源，其反應原理不會產生放射性核廢料，並且不會排放二氧化碳和其他溫室氣體。如果能夠克服技術和商業上的障礙，核融合能源將成為解決全球暖化的終極方案，並成為人類發展史上的重要轉折點。

二〇二二年十二月五日，美國勞倫斯利弗摩爾國家實驗室（LLNL）的一項突破性消息證實了核融合里程碑的實現：核融合反應所獲得的能量（三兆一千五百億焦耳）超過了雷射輸入的能量（兩兆零五百億焦耳）。這是整個核融合產業有可能走向商業發電的重大進展，增加了公眾對於核融合的認知，並吸引更多的資金追逐核融合技術的發展。

此外，二〇二二年十月在倫敦舉辦的Fusion22會議匯聚了來自科學界到工業界的知名參與者，從能源業者到OEM供應商，來自全球各地的核融合技術及能源產業領袖，共同討論這項新興產業所面臨的關鍵問題和挑戰。此次會議由英國原子能委員會和私營核融合組織共同主辦，進一步展現了核融合產業的強大和活力。

二〇二二年麥肯錫的產業報告顯示，僅在二〇二一年，全球已投入四兆四千億兆美元的資金用於核融合產業的研發，未來的五至十年更是核融合商業化發展的關鍵時期。

雖然核融合技術的前景看起來很有吸引力，但要實現這一目標還需要克服許多技術和商業上的挑戰。其中最大的挑戰之一是如何實現可靠的核融合反應。要產生核融合反應，需要具備以下三個條件：高溫、高密度和長時間。具體來說，需要有足夠高的溫度，使原子核具有足夠的動能來克服庫倫阻力，進行核融合；需要提高電漿的密度，增加反應的機會；需要足夠長的時間，使反應進行到足夠的程度，並且產生足夠的能量。目前要實現這種條件的技術還不夠成熟，也都尚未建造出能夠實現商業化生產的核融合原型反應爐。因此有許多新創公司都試著用其他非傳統的物理方式另闢蹊徑。

目前發電占全球二氧化碳排放量的約30％。為實現巴黎協定到二〇五〇年全面脫碳的目標，許多政府和公用事業正在轉向可再生能源技術，以取代化石燃料作為主要能源來源。

從風力和太陽能中獲得可再生能源是目前新的零碳電力發電中最具成本效益的形式，到二〇三〇年預計它將成為市場中任何發電形式的最低成本。然而，風力和太陽能有其局限性：它們是非調度型的，也就是說，它們在風吹或太陽照射時發電，並不一定是在電網需要時發電。例如，二〇一九年的歐洲能源短缺即是因為風速長期不振所導致的。其他可調度的零碳能源，如地熱或潮汐能，通常比風力和太陽能更昂貴，且只能在有限的幾個場地發揮作用，技術成熟度亦較低。

而核融合是一種提供可負載、可調度的清潔能源技術，它不依賴環境或其他外部因素來發電，而且產生核融合能源的過程不會有任何碳排放和長期存留的核廢料。近年來，許多國家和公司都已經開始投入更多資源和資金進行核融合的研究和開發，尤其在二〇二一年更達到四兆四千億美元的高峰。

要實現核融合的商業化，需要建立一個全球生態系統，將各方利益相關者聚集在一起，重新構建並且共同推動核融合的發展。這需要政府、學術界、行業和投資者之間的合作與協調，以確保核融合應用能夠得到合理的法規保護。

與現今的核能電廠相比，核融合發電裝置更不易發生嚴重的安全事故。然而，核融合的裝置並不應該在現有的核分裂框架下獲得許可。現有的核分裂法規框架是基於現有核分裂技術而設計的核電廠規範，與核融合技術根本不同。政府單位應建立一個靈活並可支持分散式電網的法規框架，以實現產業化快速發展的同時確保安全。例如，英國計劃將核融合能源納入其國家減碳計畫，並於二〇二一年秋季啟動了一項專為核融合技術設計的許可證框架開發工作。該框架將考慮核融合反應器裝置的技術特點，並允許在證明機器設計後可快速部署核融合裝置。

我們可以借鑑現今 SpaceX 的創新法規及商業模式，來打造一個適合未來核融合清潔能源發電的分散式電網法規。

展望未來，我們認為核融合能源產業有三個關鍵要素：

一、法規監管和標準化的推動

監管可以提供法律明確性，並幫助指導商業化路線圖的發展。明確的核融合特定政策框架將有助於管理並為核融合產業及其投資者建立信任。

二、建立全球生態系統

為了從技術和商業角度克服多重挑戰，需要平行推進技術和供應鏈發展。只有學術界、行業和供應鏈的結合，並得到政府的支持，才能達到市場化的程度。在國家層面上，英國提供了一個成功的核融合群聚效應的例子：Culham Fusion Energy 中心——英國的國家核融合研究實驗室——是幾個主要研究設施的所在地。英國政府宣布承諾提供近五億英鎊，給私人創新企業提供了肥沃的土壤，反映在該地區初創企業的高密度和不斷增長，最佳的例子就是加拿大的核融合清潔能源公司 General Fusion 將其總部遷到英國。

三、大量的資本投資

建立全球生態系統還需要大量的資本投資，以支持研究、開發、人員培訓等。全球生態系統可以提供更大的市場規模以及更多的商業機會，進一步降低開發成本。包括美國和中國在內的幾個政府都正在投資大量資源進行核融合研究和開發，表明這項技術在未來幾年中將會受到越來越多的關注和資金支持。

考慮到核融合能源的巨大潛力以及其零碳能源系統可能產生的影響，我們認為建立其全球生態系統至關重要且刻不容緩。

雖然當年台灣政府曾經失去了特斯拉的合作機會，但現在台灣仍有機會能夠把握住新能源浪潮。特斯拉已經成為帶動兆元電動車產業生態鏈的領頭公司，市值超過五千億美元；而對岸的寧德時代也因電動車發展成為全球第一大電池廠。這顯示出新能源產業在全球的發展潛力巨大，台灣有機會在此領域發揮重要的角色。

聚界潔能國際公司（Alpha Ring International）是美國研發新一代核融合技術的新創公司，其在二〇二〇年已經於實驗室初步展示全球第一個能產生正能量增益的核融合反應器，這是核融合發展史上重要的里程碑。於二〇二二年在台灣成立聚界潔能子公司作為其亞洲地區業務推展及商轉技術發展中心，同時計劃成立核融合清潔能源產業園區，鏈結全球產官學研資源。核融合技術需要專門的零部件和精密工業，如果政府、企業界能夠給予更多的支持，台灣有機會成為核融合產業的重要參與者，並且為核融合的產業價值和戰略優勢奠定基礎。隨著技術的證明和行業的規模擴大，台灣有機會成為全球重要的清潔能源產業中心。

科丁教育　以編碼創造台灣未來

在以雲端大數據為中心的ＡＩ時代中，解讀和應用數據的能力至關重要，而教育則是培養智慧創新人才的基石。歐美等先進國家的父母從小就灌輸孩子電腦語言，科丁（coding）教育深植在每一個孩子的邏輯思維中。反觀台灣，資訊教育停留在學習應用軟體、編輯文件或簡報的階段，兩者的差異頗大。

培養邏輯分析　創意思考

科丁是從英文coding音譯而來，原始意義是程式設計，可以說是一個在現代智能化、元宇宙環境中的溝通語言。

既然是語言當然愈早學習愈好，也更能內化成為一種能力。更重要的是，透過coding可培養邏輯分析、啟發創意思考、學習流程控制，進而解決問題。

過去數十年，家長們無不致力讓孩子學習英文，藉此解除地域限制，由世界汲取知識與經驗，學好英文便有機會站上世界的舞台。

如今，面對ＡＩ人工智慧、工業互聯網、ＡＲ、ＶＲ等新科技的大躍進，學習程式設計，熟悉電腦語言比英文更重要，擁有編寫電腦程式語言的能力，才能在浩瀚的大數據時代中擁抱資源，既知其然，也知其所以然。

然而，作為世界名列前茅的資訊電腦產業輸出國，台灣的資訊教育在產官學各方的努力下，全國中小學幾乎都有電腦教室，但最重要的程式教育卻仍處於剛要起步的階段，只作為課外活動或在資訊教育中的一環，因為訓練時數太少，不足以養成專業，更遑論創造其他可能。

因為起步晚了，所以更需要急起直追。近幾年，社團法人科丁聯盟協會在推廣程式教育的過程中，時常以地主與佃農為喻，說明為什麼要鼓勵小孩學習程式。

在古代的農業社會中，擁有土地即擁有資源，佃農為地主耕地只能獲取溫飽的糧食；在工業社會中，擁有廠房、製造、技術等能力的人成為地主，工人依然是佃農。

進入數位時代後，解讀大數據、使用數據的人才是地主，這些人開發優質的軟體賣給使用的人，買了應用程式的人還貢獻珍貴的數據給賺你錢的人，使其賺進更多的錢。

普及程式教育　向下扎根

這是一個細思極恐的循環法則：會使用資訊的人只是佃農，沒有創造力，台灣只能是大數據下的殖民地。包括 Google、Uber Eats、Facebook、Amazon 等，到中國大陸的微信、抖音、淘寶、百度，這些深入我們日常生活的大數據公司，共同的地方是用程式語言創造了各種形式的 AI，收集整理進而分析使用者的資料，再包裝其他讓我們繼續為其創造更多價值的程式。

因此，若問「我們的孩子未來需要什麼能力？」答案是「有機會成為地主的能力」，至少是擁有地主邏輯思維的頭腦。

時序回到二〇一〇年左右，網路科技開始占領世界，網路新貴比爾蓋茲、祖克伯等科技巨擘就倡導程式教育的重要性。

接下來幾年，科技先驅國度如愛沙尼亞、英國等，都在孩子牙牙學語時就開始灌輸電腦語言，美國更排除萬難將程式教育普及至學校中，成為必修課程。

當編寫電腦程式語言的能力已成為世界趨勢之際，科技大國無不從小培養孩子的運算思維，因為程式編寫是數位時代的基本工具，也是很重要的邏輯訓練，及早扎根、實作才能靈活運用，實際解決生活的問題。

因此，科丁教育最重要的概念是向下扎根，以美國麻省理工學院開發的兒童程式語言Scratch為例，沒有複雜的文字，所有的指令都是以視覺化的積木來呈現，程式設計就在組合積木中，每一步都是邏輯訓練，很適合小學低年級使用。到中高年級，有程式邏輯的基礎，就能對電腦下指令、寫App，透過程式設計來解決生活中的大小事。

自古有「十年樹木，百年樹人」的說法，教育不只是幾年的事，而是一整個世代的事。

過去我們的教育中很少讓孩子想像，只教他們找答案，沒有教他們找問題，事實上，想到問題比找到答案更重要，在任何溝通中若能問出核心問題，才能將之精準地表達，進而解決它。

競爭力是一個厚積薄發的過程，學習堆疊出的智慧，可以在生活中自然蛻變為能力。科丁聯盟協會與全國數百所小學合作「科丁小學」，無償提供教材與師資培養，希望從基礎到進階培養孩子運算性思維，能夠更有效率地解決複雜的問題。

此外，科丁教育能引導學生從電腦應用軟體的使用者，變成表達想法與創意的編碼創造者，以全新的眼光看待世界的運作，在大數據時代中走出台灣的路。

21世紀的基本技能
——科丁教育

第四屆科丁聯盟協會總會長　劉文堂

科丁聯盟今年（二〇二三）已步入第七個年頭了，過去兩年雖然因為疫情的關係，無法聚會且不利募款，但在第三任蔡坤龍總會長的推動下，和各地分會長的共同努力，仍不斷創新許多教學方式，而且在組織上也建立了一個全國性的整合雛形。

在創新服務方面，協會策劃了「科丁不打烊」的線上課程彌補因疫情無法開辦的「科丁社團班」，提供電子版的教材和線上教學的網路平台服務，除了加強科丁小學師資培訓內容，也解決了偏鄉師資不足的困難。並製作外文教材，培訓僑生和外國學生成為種子教練，將科丁教學推上國際，目前已有亞洲柬埔寨和非洲肯亞的台灣公益團體和我們合作。

六年前（二〇一六）創會時，取名「科丁」是採用英文 coding 的諧音，和科學園丁的含義，主要是以公益的方式推動青少年學習程式語言。這門目前在開發國家最重要學科，竟然不含在台灣的升學考試的項目，在學校、家長都不重視的情況下，往往錯過了孩子學習的最佳年齡。程式語言雖然有非常多種，但是運算思維的邏輯是一致的，我們藉著孩子學習「Scratch」的有趣題目，建立正確運算思維的基礎。

六年來我們透過社團班、寒暑假營隊、科丁小學和線上教學，提供了近五千人次的師資培訓，並有十五萬人次的青少年參與科丁課程，也舉辦了科丁親子嘉年華、不插電程式啟蒙、SCRATCH PK 賽和專題設計賽等活動。我們發現在許多熱血教師推動下，政府越來越重視和鼓勵程式教育，也有越來越多的民間組織和我們一樣提供少年程式課程，不管是公益或付費課程，期待社會上能有越來越多人一起推動，讓孩子有更多學習程式語言的機會。

我們追蹤了那些曾經上過 Scratch 科丁課程的孩子，調查他們上了中學後是否有繼續練習或學習，很遺憾得到的回答多是否定的，原因有許多但不外乎功課壓力大、家長不鼓勵、和升學無關、找不到學習的地方等，種下的苗子竟然任其自生自滅，這是我們最不樂見的情況。比起營造一個學習程式教育環境，營造一個學習的動機和氛圍相對來得更重要，但如何結合各界的資源，設計一個與就業掛鉤的培訓機制，或以就業、創業機會來鼓勵有天分的中學生和非本科大學生的斜槓學習，成為我們的新課題。

因此，我們訂了「圓夢科丁」的計畫，作為第四屆開始的工作目標。在原來普及推廣的原則下，加上了拔尖人才的概念，結合所需的資源，創造軟體人才培訓一條龍的機制，如同培養少棒球員，讓他們看得到未來的職棒生涯的機會。但這一路所需的資源不是我們協會單獨足以承擔，計畫中的「科丁學院」更是需要學術界、企業界和專業人士的參與，政府的政策鼓勵也不可少，期望科丁聯盟扮演黏著劑的角色，結合各界的力量執行計畫。

感謝六年來持續參與科丁聯盟活動的會員，教練和老師們，期待未來我們仍然能一起努力。更感謝一路來捐款給我們的單位和個人，讓我們可以保持公益性質，把機會提供給相對偏遠地區的小孩。有錢出錢、有力出力，讓我們圓夢科丁，許孩子一個雲端的未來。

上：桃園市107學年度科丁啟航記者會
下：結合各界的力量，讓孩子有更多學習程式語言的機會

地方創生　將夢想延伸至世界

二〇〇六年，擅長自然環境及原住民音樂作品的知名音樂家馬修・連恩，以專輯《天空的院子》入圍金曲獎，帶出南投竹山一棟頹圮老三合院重獲新生的感人故事。此後，三合院的主人翁何培鈞開始對絡繹於途的旅人及媒體，一遍遍地訴說竹山小鎮地方創生的故事。

說著說著十五年過去，由年輕男孩到中年大叔，二〇二一年何培鈞催生了台灣亞洲創生聯合艦隊，執行未來十年將夢想延伸至世界的行動。

馬修・連恩像一把鑰匙，開啟了「天空的院子」生存的契機，而這扇門後是一個十九歲男孩如何對位於海拔八百公尺的百年古厝一見鍾情，找到一生最想做的事，又如何排除萬難地擁有她，親自一磚一瓦地重建，重現老屋舊牆裡的生命力，終於為她拂去歲月累積的滄桑，重新展現璀璨風華。

這個年少情深的故事不斷地被傳誦，老三合院完整保留閩客文化，寧靜地矗立在竹海中，被媒體譽為「全台最美民宿」，也讓山腳下沒落的竹山小鎮有了新機，結合特色老店串聯深度旅遊景點，成為地方創生最好的範例。

政府將二〇一九年訂為地方創生元年，號召年輕人返鄉的火種在全台點燃，但在此之前的近十年間，何培鈞早已透過小鎮文創公司，提供年輕人以地方創生想法免費換宿，結合各種專業重整在地資源，延續美好文化、創造更多可能。

「天空的院子」由一個點發展成許多個點，再連結成全面的特色文創小鎮，一年可以帶進九萬人潮。然而，何培鈞發現，竹山人口還是持續減少，問題出在工作機會仍少，未來發展有其局限性。

一方水土生養一方人，以往被迫離鄉的年輕人回到原鄉發展，然後呢？由於台灣沒有一個統一的解決方案，在客製化地處理每個案子的情況下，對台灣未來年輕人的影響、幫忙有限。

作為小鎮文創的領導人，十五年實戰經驗與技術讓何培鈞想把夢做大，一方面將台灣數十年在農創、旅創、文創、科技的經驗標準化、複製到其他國家，輸出服務成為產品，另一方面也能取經各國的成功案例逐漸完善自身提案，滿足客戶不同需求。

這時需要一個科技公司協助連結海外，也需要引進企業資源、共創美好。

何培鈞結識了返鄉工程師黃俊毓，合作成立了「小鎮智能」，一間做區塊鏈、信任數位儲存的公司，朝「亞洲地方創生中心」前進。作法是將企業社會責任（CSR）、聯合國永續發展（SDGs）、地方創生三大指標納入提案標準，並透過工作坊、課程等形式，讓年輕人學習和大企業談合作，放眼台灣之外更大市場。

區塊鏈的技術有其不可竄改性，使得提案不只流於企畫書，可以和企業建立信任，企業也能向政府和投資人說明交代。有了符合國際的內涵、企業的活水，便有機會落實走向國際的夢想。

目前亞太地區的地方創生各有所長，例如中國的農村市場巨大，馬來西亞種族多元，日本的地方創生最早開始且成果豐碩。台灣最擅長的是科技力，將科技力應用在地方創生上，在提升下一代文化素養的同時，也能助其開展更廣闊的未來。

台灣和亞洲各國語言文化相近、關係友好，有借力使力、共創雙贏的條件。一旦區域地方創生的體系成功串聯，各國都可透過台灣和其他國家的團隊交流合作。近期有個中國福建的項目，便是透過台灣，委請一間馬來西亞的公司來解決。未來這樣的模式會愈來愈多，案例也會愈趨多元。

過去十五年，傳承一間百年古宅，講述一方土地的故事，也建構出在地民宿、餐飲、觀光、社區營造等產業鏈，這些成績讓何培鈞在二〇二〇年獲得遠見高鋒會的「青年創業楷模獎」。

如今，何培鈞「將社會的殷切期待，轉化成為人生下一個階段的積極行動」，他明確擘劃未來十年的目標：和整個亞洲連結。因應疫情，何培鈞在北南東部和離島各組建一個團隊，未來會在這些區域各建立一個地方創生中心，打造一個台灣亞洲創生聯合艦隊。

如此一來，各地年輕人來到竹山學習地方創生，並不只是個案的輔導，而是有個生態圈可以幫助他們。提案可以即時跨國連線，向日本、馬來西亞等其他國家的團隊尋求建議。這個跨域功能的團隊連結起原本分散的地方項目，可望產生強大的力量，打破地方創生的天花板，進而帶領年輕人擁抱一個市場龐大的新興產業。

台灣鄉鎮並非沒落　而是缺少被發現與創造

小鎮文創公司創辦人　何培鈞

很難想像，一個九二一大地震的重災區竹山小鎮，可以讓我有機會到訪、深入了解，並在此成家、立業，甚至結識了許多非常優秀的團隊與朋友。我深深體悟到台灣許多小鎮並非沒落，而是需要注入新的活力，創建新的未來。

當時二十六歲的我，從竹山海拔一千公尺山中的百年廢墟古老建築，舉債千萬整修活化創業，發展成為當時深受大家所關注的人文民宿。後來，開始進入了社區脈絡的連結，邀請地方居民共同修復山中的就學古道，並且推廣社區的幸福腳步便當行程，創造新的營收來維護古道的延續。

為了能夠持續深化地方發展的深度與基礎，我們從竹山山上移動到鎮上，將地方一座閒置多年的台西客運車站，重新改造活化。邀請當地的工藝家，手工編製五千五百多條竹篾，打造具有地方餐飲特色的「竹青庭人文空間」，並運用當地的竹子設計成為竹筒冰淇淋，我們希望能夠守護這座當地最老的車站。最令人感到欣慰是，在用心經營三年後，公車成功復駛，讓這座車站再度成為真正的車站！

為了讓小鎮持續長遠地發展，我意識到小鎮需要更多人才進駐。從十一年前（二〇一二）開始，每個月最後一個週五舉辦「光點小聚」，邀請全台各個領域的朋友來竹山，進行各項專業、資源、問題的整合及交流。透過這樣的跨區、跨界、跨齡的協作共伴支持系統，越來越多團隊與人才進駐，成為一個微型地方創生聚落。這些經驗讓我有更多機會與產、官、學各界合作，並受邀到中國大陸的福建、馬來西亞的怡保與日本的熊本，進行更多海外的地方創生事業的計劃與協作，發展至今遠遠超乎我的預期與想像。

我經常思考究竟可以如何創造更具有台灣經驗的優勢？尤其，中國大陸的視野與格局歷練、馬來西亞的多元與融合包容，以及日本的細緻與嚴謹追求，都是台灣團隊積極需要學習的地方。

多年前在光點小聚中，我認識了一位區塊鏈工程師黃俊毓，他建議我將十多年地方經驗，轉化、建構成為數位服務系統，當時對於數位科技相當陌生的我婉拒了他的提議，但俊毓並沒有放棄，他換一個角度問我，我的實務經驗是否能協助他的軟體工程師技術，變得更有溫度？與其擔心人們的未來可能會被數位科技所掌握，倒不如我們可以更有信心地讓數位科技符合我們的人性與生活。三年前（二〇二一），我們在竹山成立了一家區塊鏈公司「小鎮智能」。

小鎮智能所開發的區塊鏈技術，主要應用在全台灣社區營造的數據永續治理領域，這是未來非常具有潛力的市場。台灣累積三十多年的社區營造經驗，奠定了由下而上的民間自發力量，然而因為城市化的影響，導致社區發展進入老年化與少子化的嚴峻情況。我們必須積極思考如何讓台灣的社區，建構出一個更健康、充滿期待的未來與願景？我們希望建立一個區塊鏈數位社區的未來方案，鼓勵全世界的人們可以成為竹山人！雖然竹山鎮的人口持續減少，但是竹山數位人口是可以積極增加！

我們希望能夠為台灣社區打造一個具有數據治理為依歸的數位社造，並在未來提供給企業，進行更有效率的資源媒合，同時也協助更多企業將他們長期參與地方改變的過程，進入動態數據足跡側錄，才能夠將資源有效應用於地方。

未來期待能夠將台灣區塊鏈數位社區系統，延伸到中國大陸、馬來西亞與日本。透過數位社區系統平台，在雲端上面進行各種專案交流；在區塊鏈技術上，能將各個數位社區平台累計的數據指標，進行更多媒合與協作。屆時在地化與國際化之間距離，就是在我們與電腦之間的距離。

今年，竹山將正式進入了社區營造的數位治理的新發展階段，由衷希望透過我們這個世代的努力，能夠為台灣未來的孩子，建立一個能夠更能與國際接軌的明日社區的數位想像。

地方創生

▲用心經營三年，閒置多年的台西客運車站再度成為真正的車站

▲希望能夠為台灣社區打造一個具有數據治理為依歸的數位社造

萬物代幣化的挑戰與契機

近年來，拜5G、雲運算等新興科技崛起及區塊鏈等技術的「軟實力」所賜，加密貨幣及各類代幣（Token）如雨後春筍般出現，也為世人帶來震撼教育。

二〇〇八年，被譽為「比特幣之父」的中本聰（Nakamoto Satoshi）發表了題目為《比特幣：一種點對點式的電子現金系統》的論文提到，交易雙方不必仰賴諸如政府或金融業者的體制，僅需要透過採取化名、難以偽造的「數位簽章」，交易紀錄及電子簽名都會被記錄在一本虛擬帳本裡，亦即所謂的「區塊」上面。該論文標誌了區塊鏈技術的誕生，也被視為加密資產（Cryptoasset）發展的重大轉捩點。

的確，加密貨幣、其他各類代幣的發行風起雲湧，以最具代表性的NFT（非同質化代幣）為例，毋須中心化機構的許可，只要是被認定為有價值之物，即可在區塊鏈上被編碼為NFT，其概念類似一組數位身分證，可通過虛擬貨幣來定價，就連數位資產（如藝術品、藝人或名人周邊商品）也一樣。

也就是說，連創意者的IP（智慧財產權）也能透過虛擬代幣來計價，所有權的定義被重新改寫，「萬物代幣化」（Tokenization）、「萬物皆有價」的時代正式揭開序幕，催生了被稱為DeFi（去中心化金融，Decentralized Finance的縮寫）的金融體系。

DeFi 對舊金融世界形成前所未有的衝擊。過往不被傳統金融業者認可或難以鑑價的資產，如今都可以虛擬代幣來計價，而與其他類別的資產交易、互換，萬物皆可金融化，某些方面的確體現了普惠金融的精神。相形之下，傳統金融業者反而顯得效率不彰。

許多背負舊包袱的企業，現在積極擁抱 DeFi 的精神，讓企業品牌更上一層樓，像是富邦集團推出 MOMO 幣，正朝著跨業合作的方向前進，將來在集團之外也可望流通，目標是成為繼樂天集團打造樂天生態圈（Rakuten Ecosystem）後的點數王國。

除此之外，這一波去中心化思潮當中「去除地域疆界」的精神，也對職場文化產生潛移默化的影響。不少年輕人經過這種概念的洗禮後，嚮往不限地點、工時彈性的職場，將打卡、通勤上班等「中心化管理」的形式視為落伍。

正因為工作場所的地域界線被瓦解，人才與人才之間的競爭提升到跨領域、跨國界的層次，不再局限於定點。對年輕人而言，員工所展現的價值，不再是誰資深、誰的加班時間長，而是誰能真正做出獨一無二的貢獻。

不過，這種種震撼，大概都無法與加密資產掀起的幣圈金融遊戲相提並論，而且這一次遊戲主角是年輕人。在Z世代心目中，財富大餅嚴重分配不均，低薪、高房價等困境皆無解，自己在上一代金錢遊戲中卡位的機率也微乎其微，新型態的階級鬥爭心理早就形成；直到他們迎來加密資產帶來的數位落差，箇中嶄新的遊戲規則與淘金機會都是舊石器時代前輩們不理解的，自然視之為翻身的墊腳石，甚至渴望藉此一夕致富。還有一幫渴望改變世界的年輕人，趁此前仆後繼投入由加密資產帶動的數位新產業，顛覆了過往企業募資、VC（創投）投資、公司治理的模式，改變了資金的流動方向。

加密資產是一片廣袤的處女地，吸引具有冒險精神的人來開發，但也因為歷時短、不由中心機構所掌控，也就更需要市場信心的加持，甚至比實體經濟更仰賴自治，否則一旦有任何環節出錯，就如野馬脫韁，難以控制。

近年來，「幣圈風暴」不斷，人類貪婪遊戲的醜惡本質顯露無遺，像是加密幣、NFT暴漲暴跌，讓不計其數的受害者賠上身家，被視為「幣圈版雷曼事件」的虛擬資產交易所FTX破產悲劇，更讓市場對加密幣的信心幾近消失殆盡，對於渴望翻身的新世代來說，夢想瞬間破滅，被迫重新回到苦悶的現實中掙扎，這種絕望感猶如陷入泥淖中，恐比資產縮水還令人進退維谷，也難怪會有「幣圈一天，人間十年」的說法。

加密資產或許帶來了致命的一擊，甚至被反對者解讀為「穿著區塊鏈與金融科技去中心化外衣的龐氏騙局」，但不論是什麼資產，本身都是中性的，值得我們思考的是能否把握箇中的契機，對台灣來說，尤其如此。

台灣科技製造業的供應鏈標準化、規模化優勢十足強大，但隨著疫情爆發、地緣政

去中心化金融

治問題更形複雜，供應鏈變成區域化、由長變短，甚至形成以「陣營」而非商業利益為主要考量的供應鏈，未來廠商勢必要面對各種形態的斷鏈議題。

在這樣的挑戰下，可想見的是，「無國界的數位經濟」將會更受重視，只要有手機、有一個雲端（cloud）介面，即便遇到戰爭之類的重大危機，業者若能妥善維護該介面，便可望化險為夷。

近來國內許多業者都更積極投入數位轉型，這是值得正向看待的，而因為加密貨幣、區塊鏈等相關領域所湧現的新型態數位經濟服務，或許更是值得台灣業界來共襄盛舉，而且會比加密幣交易更值得翹首期待的處女地，只不過後續將衍生什麼法令遵循與消費者保護議題？我們的金融監管能否跟得上潮流？這又是另一波全新的挑戰了。

探索無國界的數位經濟服務場景

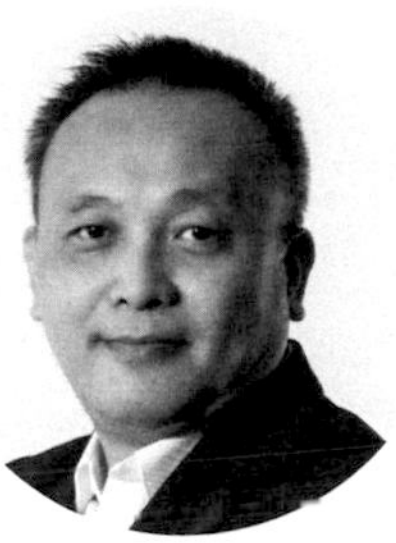

洰苙投資股份有限公司創辦人　鄭立維

世上唯一不變的事，就是改變。近年來比特幣的發明，大大改變了世界對於金融、資產的想像。

比特幣最大特色之一：「去中心化」，與傳統貨幣不同，比特幣可避免中央銀行的不良政策與人為干擾所造成的通貨膨脹或緊縮，還可降低交易成本，並具匿名性。

接著乙太幣跟智能合約的誕生，更催化了市場上的應用如雨後春筍般出現。例如DeFi（去中心化金融）的應用，帶來了革命性的金融服務創新；ＮＦＴ對於數位文化產業跟數位內容行銷，以及跨境電子商務跟會員忠誠度等等的應用，使得萬物代幣化的消費場景越來越往前推進。再加上ＡＩ人工智能的快速成長，相信無國界的數位經濟服務，將很快地實現在我們日常生活之中。

ＮＦＴ（Non-Fungible Token）是一種獨特的數字資產，可以用於代表著數位或實體物品的獨特性和所有權。

在數位文化產業（如：網路遊戲產業、線上音樂和線上數位娛樂等），遊戲開發商和玩家可以透過ＮＦＴ，更方便、安全地交流，並進行遊戲點數交易。ＮＦＴ也可以用於創建遊戲物品、遊戲貨幣等，創造更豐富、有吸引力的遊戲體驗。此外，區塊鏈技術可以用於保證遊戲點數的安全性和不可篡改性，防止遊戲點數被盜用和濫用，讓遊戲開發商可以提供更加安全和可靠的遊戲點數管理環境。

ＮＦＴ在數位行銷產業中也得到廣泛應用，例如：

一、創建獨特的數字資產：如圖片、音樂、影片等。這些數字資產可以被用於銷售、交易或贈送給粉絲或客戶，從而提高品牌的忠誠度和影響力。

二、數字藏品：如電子遊戲中的道具、網站上的虛擬寵物等。這些數字藏品可以成為品牌的獨特代表，吸引粉絲和收藏家。

三、萬物代幣化：將實體商品、虛擬商品和其他數字資產轉換成ＮＦＴ，從而創建一個去中心化的市場。這種市場可以讓品牌和粉絲之間建立更直接的關係。

四、數字收藏品交換平台：ＮＦＴ可以用於建立數字收藏品交換平台，讓收藏家和粉絲可以進行收藏品的交換和交易，從而促進粉絲經濟的發展。

跨境電子商務是一個蓬勃發展的市場，但是其中存在著許多問題，如：貨款支付、貨物運輸、貨物追蹤和售後服務等。而區塊鏈技術具有去中心化、安全和透明等特點，因此被廣泛認為是解決這些問題的有效方式。

首先，區塊鏈技術可以解決跨境電子商務中的支付問題，讓買家和賣家直接進行交易，不需要中介機構，從而減少支付的成本和時間。此外，區塊鏈技術也可以實現智能合約，自動執行交易條款，提高交易效率和可靠性。

其次，區塊鏈技術還可以解決跨境電子商務中的貨物運輸和追蹤問題，可以將貨物資訊記錄在區塊鏈上，實現貨物追蹤和監管，提高物流效率和可靠性。因此，區塊鏈技術可以實現貨物所有權的轉移，確保買家在付款後才能收到貨物，減少詐騙風險。

最後，區塊鏈技術可以實現智能合約，提高跨境電子商務中售後服務，自動執行售後服務條款，減少爭議和紛爭，提高售後服務效率和可靠性。

ＡＩ人工智能將在近年進一步普及，它能協助企業更好地預測市場需求、提高生產力和效率，並提供更到位的客戶服務。

對於無國界數位經濟服務，我們正處於一個充滿機遇和挑戰的時代，需要企業和政府共同努力，尋找合適的發展策略，創造對人類更便利、更友善的生活體驗。

元宇宙進行式　產業轉骨良機

二〇二一年中，元宇宙概念橫空出世，從元宇宙（Metaverse）關鍵字連結的定義：它是一個平台，抑或是多個平台的總和；維基百科將元宇宙定義為一個集體的虛擬共用空間，結合透過虛擬方法提升的物理現實，和持久的虛擬空間而成，是聚合所有虛擬世界、擴增實景和更廣泛的互聯網世界。

今天，元宇宙也可只是一個線上的虛擬世界，你可以在那裡玩一個快速的遊戲，或在遊戲世界相遇聚會、在藝術館裡瀏覽ＮＦＴ，但這些都只是元宇宙的初級階段。

未來，隨著新的連接、設備和技術的出現，我們每天將能透過周遭體驗到它。可預期在未來幾年，元宇宙可能會取代現時所做的大部分事情，以在線上和離線的方式進行，且反過來形塑我們現有的生活方式。

以發展案例來看，從美國零售龍頭沃爾瑪推出虛擬試衣間、電商龍頭亞馬遜利用ＡＲ技術、擴充實境功能，試穿鞋子等初級產品／功能型的小元宇宙，到醫院外科手術導航／復健治療的醫療系統應用型元宇宙，或類似大陸春秋航空利用ＸＲ技術推出其公司的旅遊服務型元宇宙，提供航空旅遊場景及虛擬分身、訂票、逛展、觀影、看演出等互動的體驗，與客戶建立更深度連結，此為企業的元宇宙應用。

其他產業也看到元宇宙應用的身影，包括金融界的遠東商銀搶先布局，藉由創建實體及虛擬結合的沉浸式體驗空間，給予客戶實體分行和數位創新的新型態服務，成為全台首家提供元宇宙體驗的銀行。

另外，科技巨頭微軟宣布元宇宙計畫發展並公布 Teams 的元宇宙功能，提供企業使用該軟體可建構虛擬辦公室，員工可設定數位化身，戴上 VR 頭盔後，員工可以一起在虛擬辦公室共處一室開會。

值得一提的是，歐洲 LVMH 精品集團利用 XR 相關技術打造集團品牌型元宇宙，跨國提供其集團子品牌共用非接觸式的 Web3 時尚展、虛擬購物、虛擬導覽及虛擬試衣，增加、擴大客戶的購物體驗及黏度，由於內容、數據可共享及可追蹤，作為其跨國整體品牌行銷，大大降低營運成本，並促進集團各子品牌的綜合及整合。

雖然在技術、商務及法規架構尚未十分成熟之際，但這些企業的布局未嘗不是現實、務實的商業應用，為未來大元宇宙開啟實驗、實現之路。

而在應用科技方面，從二〇二一年末社群媒體巨擘臉書改名 Meta，經過這一年多時間，不管對元宇宙的看法是利多還是利空，一些匪夷所思的黑科技也不斷發展出。

其中，當 Meta 全力衝刺元宇宙的過程中，今年（二〇二二）十月 Mata 執行長祖克柏在一段影片向全球秀了一段堪稱是「軍火展示」的技術，也就是能讓美國人能開口說閩南語的系統，而背後竟是借助台灣人才、台灣大學資訊工程學系碩士陳鵬仁，他畢業後加入臉書公司，成為此系統成員。

而在祖克柏秀台語影片中，與他對話的 Meta 軟體工程師陳鵬仁，正是此翻譯團隊的成員。

鏡頭拉回台灣，不只是陳鵬仁在國際元宇宙領域嶄露頭角，台灣本土的愛實境 iStaging 公司，更是一路從本土打到國際盃，以其獨家發展的 XR／AI 技術，從台灣的永慶集團切入應用，成功插旗歐洲 LV、YSL、Dior 等精品集團，賦能企業利用現有行動手機，即可輕便為場景、物打造出 3D 全訊息數位模型，成為打造這些元宇宙的軍火庫。

其創新技術在於能協助企業創建 Web3 的雲端展間（No-coding 立體網頁），以立刻生成、立即分享、十分之一成本及十倍速度的特質提供客戶儲存、瀏覽及編輯的雲服務，而讓創建 3D 虛擬內容變得像手機拍照、製作 PPT 一樣容易，得以在穿戴式螢幕產品還沒能成熟到讓消費者接受之前，可以在手機或電腦上以 Web3 的方式體驗。

元宇宙產業進行式已經從初期產品功能型、逐漸擴充至垂直系統型、企業公司用型，到集團品牌型的應用，在此同時也看到台灣科技人才的能力，相信這也是台灣資通訊產業進階轉骨的大好機會。

穿越實境看見想像的萬物元宇宙

iStaging 愛實境創辦人　李鐘彬

iStaging（愛實境）是總部設立在台北的全球性公司，也是最早致力於幫助企業品牌進入 Web3／元宇宙的科技公司，擁有市場領先的技術和生態系統，在虛擬展覽、精品零售、智慧製造、房產、文觀旅等相關產業的 Web3／元宇宙的應用服務領先全球。

iStaging 提供儲存、串流及編輯的雲服務，賦能全球數萬個商業用戶在各垂直產業中獲得成長，協助客戶推廣國際業務、商機媒合、遠距導覽／導購，並提供ＡＩ工具在 Web3／元宇宙中創作獨特的內容。

客戶可以使用 iStaging 所提供無需編寫程式的線上ＡＩ工具平台，為企業品牌、系統整合提供了一系列集成ＡＩ功能，使他們能夠以十分之一的成本、十倍的速度在虛擬世界創建並管理品牌或「品牌元宇宙」。

不一定要穿戴ＶＲ眼鏡，「品牌元宇宙」也可以從網路瀏覽器體驗，並讓用戶以前所未有的方式身臨其境、體驗品牌的元宇宙世界，以虛實融合與品牌的眾多元素互動，並通過品牌授權認證的虛擬幣或區塊鍊平台購買非質化商品（NFT）。iStaging的SDK／API解決方案更有助於系統整合公司或內容平台創建NFT，並透過網站、電子商店或市場進行銷售，快速創建豐富的客戶體驗。

二〇一七年起，iStaging歐洲分公司開始與精品業、金融、地產業的戰略大客戶進行深度合作。疫情期間，與展覽設計公司開設虛擬展覽的應用服務，專注於規模化管理與Web3／元宇宙體驗，包括推出NFT系列和創造沉浸式體驗。

巨大的Web3／元宇宙市場

全球Web3／元宇宙市場規模可達十三兆美元，結合3D、擴增實境和虛擬實境以及區塊鏈技術，可拓展相當多元的業務案例。然而，品牌仍面對許多新的數位挑戰，包括：如何創造新體驗和吸引Z世代、Alpha世代及其數位分身等應用，預估二〇二五年，這些世代每天在虛擬世界中的時間將遠超過四小時。

iStaging的客戶反饋：「Web3的出現正在分散網絡，並促成許多新的虛擬宇宙的創建。品牌面臨的挑戰是，如何找到一種簡單的方法來啟動、管理他們在這些虛擬世界中的存在，以便他們可以擁有更大的影響力並從客戶體驗中受益，同時保持品牌形象。」

iStaging以歐亞兩大洲發展為主要目標

預計到二〇二五年，亞洲將占精品市場的60%，其中很大一部分人口屬於Z世代和Alpha世代，他們渴望與喜愛的品牌進行新的、互動的和創新的體驗，並願意花錢改善他們的數字化地位。

「數位分身和NFT是Z世代和Alpha世代的新社會標誌，尤其是在亞洲。許多奢侈品牌正在抓住這個機會，通過有針對性的活動來吸引這些群體，為未來做準備。」

▲iStaging目前在巴黎、台北和香港、上海、舊金山都設有分公司

▲LV在全球精品門市與元宇宙的虛實整合，iStaging的技術可以讓客戶使用手機將空間及商品全部掃描進Web3創建的雲端展間（No-coding立體網頁）

▲合作品牌的Web3／元宇宙體驗，包括NFT系列和沉浸式體驗

啟思路22　PE0204

創投老園丁的私房札記

──人生是一場發明

作　　者　朱永光
責任編輯　孟人玉
圖文排版　黃莉珊
封面設計　張硯中
封面完稿　吳咏潔
內頁圖示　Freepik.com

出版策劃　釀出版
製作發行　秀威資訊科技股份有限公司
114 台北市內湖區瑞光路76巷65號1樓
電話：+886-2-2796-3638　傳真：+886-2-2796-1377
服務信箱：service@showwe.com.tw
http://www.showwe.com.tw
郵政劃撥　19563868　戶名：秀威資訊科技股份有限公司
展售門市　國家書店【松江門市】
104 台北市中山區松江路209號1樓
電話：+886-2-2518-0207　傳真：+886-2-2518-0778
網路訂購　秀威網路書店：https://store.showwe.tw
國家網路書店：https://www.govbooks.com.tw
法律顧問　毛國樑　律師
總 經 銷　聯合發行股份有限公司
231新北市新店區寶橋路235巷6弄6號4F
電話：+886-2-2917-8022　傳真：+886-2-2915-6275

出版日期　2023年10月　BOD一版
定　　價　460元

讀者回函卡

Printed in Taiwan

國家圖書館出版品預行編目

創投老園丁的私房札記：人生是一場發明 / 朱永光
著. -- 一版. -- 臺北市：釀出版, 2023.10
面；　公分. -- (啟思路；22)
BOD版
ISBN 978-986-445-857-8 (平裝)

1.CST: 創業 2.CST: 企業經營
3.CST: 職場成功法

494.1　　　　112014264